高等学校数字媒体专业规划教材

多媒体应用技术实战教程

（微课版）

廖雪峰　郭均纺　卢淑静　主编

毛华庆　毕保祥　李名标　乔鞯鞯　郑冬松　邹董董　编著

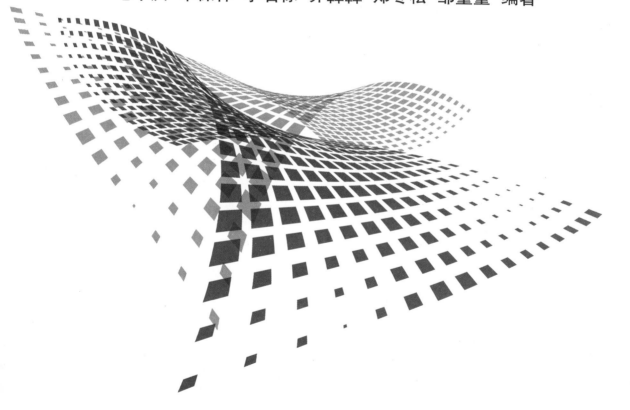

清华大学出版社
北京

内 容 简 介

本书从应用实战出发,介绍多媒体应用技术的相关知识要点,包含 Photoshop 数字图像处理、Flash 动画制作、Adobe Audition 音频处理以及 Premiere 视频编辑等。本书通过"知识要点—应用实例—上机训练"的实战过程,循序渐进地让读者熟悉各个软件环境,使读者能快速掌握多媒体软件的基本操作及综合应用。每种多媒体制作工具的应用实例和实验都安排了综合应用,且每个应用实例都可通过扫码观看其对应的讲解视频,不仅可以让读者学习软件的使用,更可以让读者通过综合实例和实验理解与掌握多媒体集成应用方法。本书的实验报告和应用案例针对性强、步骤明确,提供配套的教学资源解决方案,以便让读者举一反三。

本书内容全面、实用性强,每章均安排了综合案例和对应的上机实训,实现理论与实践的结合,可作为高等学校"多媒体应用技术"相关课程的教材,也可作为多媒体应用技术从业人员的参考书,还可供报考各类计算机考试者和其他自学者参考。

图书在版编目(CIP)数据

多媒体应用技术实战教程:微课版/廖雪峰,郭均纺,卢淑静主编. —北京:清华大学出版社,2020.5
(2021.5重印)
高等学校数字媒体专业规划教材
ISBN 978-7-302-55061-7

Ⅰ. ①多… Ⅱ. ①廖… ②郭… ③卢… Ⅲ. ①多媒体技术—教材 Ⅳ. ①TP37

中国版本图书馆 CIP 数据核字(2020)第 040731 号

责任编辑:郭　赛
封面设计:何凤霞
责任校对:梁　毅
责任印制:丛怀宇

出版发行:清华大学出版社
　　　　　网　　址:http://www.tup.com.cn,http://www.wqbook.com
　　　　　地　　址:北京清华大学学研大厦 A 座　　　　　邮　　编:100084
　　　　　社 总 机:010-62770175　　　　　　　　　　　邮　　购:010-83470235
　　　　　投稿与读者服务:010-62776969,c-service@tup.tsinghua.edu.cn
　　　　　质量反馈:010-62772015,zhiliang@tup.tsinghua.edu.cn
　　　　　课件下载:http://www.tup.com.cn,010-83470236
印 装 者:三河市铭诚印务有限公司
经　　销:全国新华书店
开　　本:185mm×260mm　　　印　张:17.5　　　字　　数:415 千字
版　　次:2020 年 5 月第 1 版　　　　　　　　　印　　次:2021 年 5 月第 3 次印刷
定　　价:69.80 元

产品编号:086639-01

前言

　　随着计算机技术的不断发展，多媒体技术得到了飞速发展，多媒体应用技术已经渗透到人们生活的各个领域，因此"多媒体应用技术"相关课程已成为高等学校的重要课程。本书通过"知识要点—应用实例—上机训练"的实战过程，循序渐进地让读者熟悉各个软件环境，使读者能快速掌握多媒体软件的基本操作及综合应用，以培养学生综合应用多媒体技术的能力及创新意识。

　　多媒体应用系统开发包括图像、动画、音频、视频等素材的处理及多媒体集成等内容，制作过程涉及多种软件的应用，是一项综合性极强的应用技术。本书是集众多长期从事多媒体应用技术教学工作的一线教师的经验和体会，并参考大量国内外相关文献编写而成的。本书从应用实战出发，对各种多媒体素材处理所需要应用的软件进行知识要点、实例分析与具体操作、对应的实验报告安排及其具体操作步骤的讲解。通过这些实例和实验，读者能够掌握图像、动画、声音、视频等多媒体的获取和制作方法，以及将各种多媒体素材集成为多媒体应用作品的方法。

　　本书第1～7章介绍 Photoshop 数字图像基础知识，配合多个案例和对应的实验训练深入浅出地介绍图像编辑、图像合成、色彩变换、特效滤镜、路径与文字的应用等。第8～12章介绍 Flash 动画基础知识、Flash 基本操作，结合案例和实验讲述逐帧动画、补间形状动画、传统补间动画、补间动画、引导路径动画、遮罩动画、交互动画以及 Flash 动画制作的综合应用等。第13章介绍 Audition 音频处理基础知识、Audition 基本操作，结合案例和实验讲述音频素材的编辑技巧。第14章介绍 Premiere 视频编辑基础知识、Premiere 基本操作，结合案例和实验讲述视频素材的添加、管理与编辑的技巧，特效及转场特效的添加，抠像合成技术，字幕应用技术，音频特效编辑处理，影视作品的渲染与输出等。

　　本书内容先进，强调计算机在各专业中的应用；教学模式完善，实验报告和应用案例针对性强、步骤明确，提供配套的教学资源解决方案、量身打造的教学指导以及独创的"知识要点—应用实例—上机训练"实战过程解析，教学方法灵活、内容全面、实用性强，每章均安排了综合案例和对应的上机实训，实现理论与实践的结合。希望读者能充分利用本书提供的资源扩大眼界、丰富知识。

　　应该说明，本书给出的实例和实验操作步骤并非是唯一的操作方法，甚至不一定是最佳的方法。对于同一个作品，可以通过不同操作方法实现，本书只是提供一种或几种参考方案，以期抛砖引玉。

前言

　　本书由廖雪峰、郭均纺、卢淑静担任主编，负责总体策划、制订编写大纲和统稿，并负责撰写每章的内容。参与本书编写工作的还有毛华庆、毕保祥、李名标、乔鞞鞞、郑冬松、邹董董等。

　　在此衷心感谢编写组团队成员的辛苦付出以及学院领导和同事的大力支持。借此机会，对为本书提供素材的教师和相关单位表示真诚的感谢，同时感谢清华大学出版社对本书出版的支持。

　　由于时间仓促及作者水平有限，书中难免会有疏漏和不足之处，敬请读者批评指正。

廖雪峰

2020 年 3 月

目录

目录

目录

目 录

目录

目 录

第 1 章　Photoshop 基本操作

1.1　知识要点

1.1.1　Photoshop CC 2018 操作环境

启动 Adobe Photoshop CC 2018 后，用户会看到如图 1-1 所示的工作界面。Photoshop 的应用窗口由菜单栏、工具选项栏、工具箱、控制面板、图像窗口等组成。

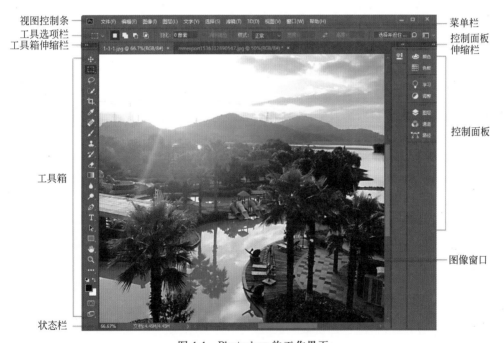

图 1-1　Photoshop 的工作界面

1.1.2　图像文件的操作

1. 创建新图像文件

执行"文件"→"新建"命令或按 Ctrl＋N 组合键。

2. 打开图像文件

执行"文件"→"打开"命令或按 Ctrl+O 组合键,也可以在 Windows 窗口中选中要打开的图像文件,然后将其直接拖曳至 Photoshop 图像窗口中。

3. 切换图像文件

当 Photoshop 中已经打开多个图像文件时,只需单击工作区中的图像名称即可切换文件。

4. 保存图像文件

(1) 执行"文件"→"存储"命令或按 Ctrl+S 组合键。如果该文件已经被存储过,那么该操作将以同样的文件名覆盖存储,系统将把图像文件保存为 psd 格式文件。

(2) 执行"文件"→"存储为"命令,可以以新的图像文件名称和格式存储文件。

(3) 执行"文件"→"存储为 Web 所用格式"命令,可以对要保存的图像进行优化处理。

5. 置入文件

置入文件和打开文件有所不同,置入文件是在打开一个图像文件后再将图片、PDF、AI 等矢量文件作为智能对象置入 Photoshop 中。

执行"文件"→"置入"命令,可以将任何 Photoshop 认可的图像作为智能对象添加到当前图像中。置入完成后,置入图像会作为当前图像的一个图层显示,并可立即进行变形操作,完成后按 Enter 键。

1.1.3　图像窗口的基本操作

1. 切换屏幕模式

Photoshop 提供了 3 种不同的屏幕显示模式,分别是标准屏幕模式、带菜单栏的全屏模式和全屏模式。使用"视图"→"屏幕模式"命令下的子菜单可以在这 3 种模式之间进行切换,连续按 F 键也可以在这 3 种不同的屏幕显示模式之间进行切换。

(1) 按 Tab 键可以隐藏或显示工具箱和控制面板。

(2) 按 Shift+Tab 组合键可以在保留工具箱的情况下隐藏或显示控制面板。

(3) 如果要退出全屏模式,则可以按 ESC 键或 F 键在各屏幕模式之间进行切换。

2. 设置图像显示比例

对局部进行编辑时需将图像放大几十倍。

(1) 使用工具箱中的"缩放"工具 。

(2) 放大组合键: Ctrl+空格键+单击。

(3) 缩小组合键: Alt+空格键+单击。

(4) 按住 Alt 键向上或向下滚动鼠标滑轮可放大或缩小图像的显示比例。

(5) 在任何状态下双击"抓手"工具 可恢复图像到 100% 显示比例。

3. 移动窗口显示区域

图像在放大几十倍后,要想观看某个部位,则需要使用"抓手"工具移动图像显示区域。

(1) 在任何时候按空格键都可使鼠标变成"抓手"工具。

（2）在"导航器"调板中拖曳红色小方框可以快速改变图像在窗口中显示的内容。

4．使用辅助工具

在设计作品与排版时，标尺、网格和参考线都是必不可少的辅助工具。

（1）使用标尺与网格：执行"视图"→"标尺"命令或按 Ctrl＋R 组合键。

（2）使用参考线：鼠标移动到标尺上方，单击拖曳至画布。

（3）移动参考线：将光标移至参考线上拖曳鼠标可拖动参考线到所需位置。

（4）显示/隐藏参考线：执行"视图"→"显示额外选项"命令显示或隐藏，组合键为 Ctrl＋H。

5．调整画布大小

画布大小指图像的完全可编辑区域。执行"图像"→"画布大小"命令可以增加或减少图像画布的大小。

6．画布的旋转与翻转

在 Photoshop 中，用户可以按自己的方式任意改变画布的方向，执行"图像"→"旋转画布"命令可看到此命令下的子菜单。除旋转画布外，还可以对画布进行水平与垂直方向的径向翻转操作。

1.1.4　图层的基本操作

1．图层基本概念

图层就像一张张独立的透明胶片，每张胶片上都绘制了图像的一部分内容，可以分别独立编辑，互不干扰，最后将胶片按顺序叠加在一起（顺序可改变），透过上面胶片的透明区域可以看到下面的胶片，便可得到完整的图像。

2．"图层"面板

"图层"面板是用来管理图层的，各种图层的基本操作都可以在"图层"面板中完成，如选择图层、新建图层、删除图层、隐藏图层、设置图层透明度与图层混合模式等。"图层"面板是图层操作的主要场所，执行"窗口"→"图层"命令或按 F7 键可调出"图层"面板，按顺序显示当前文件的所有图层及不透明度、混合模式等参数。

3．创建新图层

新建图层是所有图层操作中最基础的操作。单击"图层"面板下方的创建新图层按钮，便可以在当前图层的上面直接创建一个 Photoshop 默认的新图层，或按 Ctrl＋Shift＋N 组合键，在弹出的"新建图层"对话框中单击"确定"按钮。新创建的图层是完全透明的图层。

4．复制图层

复制图层可复制图层中的图像，下面 3 种方法都可以完成复制图层的操作。

（1）将要复制的图层拖曳到"图层"面板下方的创建新图层按钮上，即可复制一个与原图层内容相同的副本图层。

（2）执行"图层"→"新建"→"通过拷贝的图层"命令或按 Ctrl＋J 组合键可快速复制当前图层。

（3）如果要复制的图层为当前工作层，则在"图像"窗口中使用移动工具并按住

Alt 键拖曳图层中的图像即可快速复制当前图层。

5. 删除图层

如果需要删除某个图层,则要先在"图层"面板上选择该图层,将其拖曳至面板下方的删除图层按钮 🗑 上,或直接单击删除图层按钮 🗑 ,也可以按 Delete 键更简单快速地删除所选图层。

6. 合并图层

如果图层太多,则在处理和保存图像时就会占用很大的磁盘空间,因此需要及时合

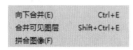

图 1-2　合并图层的菜单

并一些不再需要修改的图层以节省系统的资源。图层的合并就是将多个图层合并为一个图层。合并的方式有很多,在"图层"菜单中有以下合并功能,如图 1-2 所示。

7. 智能对象

当图像处理基本完成时,可以将各个图层合并,但是图层一旦被合并,就不能再拆分开了,在编辑图像时将一些同类对象的图层创建为一个智能对象,就如同将它们合并在一层了,当需要重新编辑其中的某一层内容时,可以在智能对象中进行修改。

1.1.5　图像的编辑

1. 图像的大小

图像的尺寸及分辨率对一幅图像的质量而言非常重要。执行"图像"→"图像大小"命令,打开"图像大小"对话框,如图 1-3 所示。尺寸相同的图像,分辨率越高,图像越清晰,反之亦然。修改图像的像素大小不仅会影响图像在屏幕上的大小,还会影响图像质量及其打印特质(图像的打印尺寸及分辨率),也决定了图像的存储空间。

2. 图像的裁剪

通过剪裁工具 🔲 可以对一幅图像进行有选择的去留操作,用户可以自由控制裁剪位置与大小,将图片中不需要的内容剪除。通过裁剪工具还可以修正照片的拍摄角度。选择工具箱中的裁剪工具 🔲 ,用鼠标拖出裁剪控制框并旋转,将如图 1-4 所示的热气球调整至垂直,满意后双击即可得到裁剪后的效果图。还可以在如图 1-4 所示的裁剪工具属性栏中设置"选择预设长宽比或裁剪尺寸"选项对图像进行裁剪。

3. 图像操作的恢复

如果在图像的编辑处理中执行了误操作,则可以使用恢复和还原功能快速返回以前的编辑状态。

(1)使用命令和快捷键操作。在 Photoshop 中操作时,最近一次的操作步骤会显示在"编辑"菜单中,执行该菜单下的"还原"和"重做"命令可进行相应操作,也可通过按 Ctrl+Z 组合键完成"还原"和"重做"操作。"还原"和"重做"命令只能还原和重做最近的一次操作,在实际操作中使用"前进一步"(组合键为 Ctrl+Shift+Z)和"后退一步"(组合键为 Ctrl+Alt+Z)命令可以还原和重做多步,即进行连续的恢复操作。

图 1-3 "图像大小"对话框

图 1-4 裁剪工具属性栏、调节裁剪图像的方向

（2）使用"历史记录"面板进行还原和重做。通过"窗口"→"历史记录"调出"历史记录"面板，如图 1-5 所示，通过该面板不仅能清楚了解操作者对图像已执行的操作步骤，还可以随心所欲地退回至图像的任意历史状态。单击所需退回状态的"描述文字"，即可恢

历史记录画笔 ——

当前操作记录 ——

图 1-5   "历史记录"面板

复到该状态。

(3) 建立快照暂存历史记录。在默认情况下,"历史记录"面板只能记录最近的 20 个操作(执行"编辑"→"首选项"→"性能"命令可更改"历史记录"面板中记录的状态数,一般建议设置为 50～100,若设置过大,则会在一定程度上消耗暂存空间,从而影响运行速度),如果希望在图像编辑过程中一直保留某个历史状态,可以为该状态创建"快照"。选择需建立快照的历史状态,单击面板底部的"创建新快照"按钮 ,在面板顶端将出现新建的快照。一个或多个快照保存在内存中,在整个编辑过程中一直保留,但不随图像的保存而关闭图像,快照也会随所有历史记录一起消失。若希望永久保存某些图像的处理状态,则可单击面板底部的"从当前状态创建新文档"按钮 ,可从当前状态新建一个图像文件。

4. 变换图像

执行"编辑"→"变换"命令可以对图像进行角度及大小的调整操作,例如缩放图像、旋转图像、翻转图像等。提示:确认变换必须按 Enter 键或双击控制框,取消变换按 Esc 键。

(1) 缩放、旋转图像。按 Ctrl+T 键调出自由变换框,拖动鼠标可改变图像的大小;按住 Shift 键拖动可按原长宽比例进行缩放。

(2) 斜切、透视与翻转图像。调出自由变换控制框,在框内右击,在弹出的快捷菜单中选择相应的命令。

(3) 变形图像。使用"变形"命令可以对图像进行弯曲、扭转等变形操作。

(4) 再次变形。使用"编辑"→"变换"→"再次"命令可重复上一次的变换操作。按 Ctrl+Shift +T 组合键也可执行该命令。若要复制副本进行重复变换,可按 Ctrl+Alt+Shift +T 组合键;使用"编辑"→"变换"→"再次"命令时按下 Alt 键也可使用副本进行重复变换。

1.1.6 工具箱

工具箱是 Photoshop 处理图像的兵器库,包括选择、颜色设置、修图、绘图、文字等 40 多种工具。选择使用工具时,一定要注意工具属性栏中修改工具的参数设置。

1. 颜色设置

Photoshop 提供了很多绘图工具,在进行绘图前需要进行颜色的设置。Photoshop

提供了多种颜色设置的方法,用户可以根据需要选择。在工具栏的下方有一个设置前景色和背景色的区域。前景色又称作图色,任何绘图工具都将使用前景色绘图。背景色如同作画的底色,即画布色,绘图过程中可调整。系统默认黑色为前景色,白色为背景色。单击"默认颜色"按钮或按 D 键可以恢复系统默认的前景色和背景色,按 X 键可以使前景色和背景色互换。

（1）使用拾色器。拾色器用于快速选取所需的前/背景色,单击"前景色"或"背景色"按钮可打开"拾色器"对话框,可以按 HSB(色相、饱和度、亮度)、RGB(红、绿、蓝)、Lab、CMYK(青色、洋红、黄色、黑色)四种颜色模式设置所需要的颜色。

（2）使用"颜色"面板。单击"控制"面板区中的"颜色"选项,打开"颜色"面板,然后单击右上角的按钮,从打开的"菜单"面板中可选择不同颜色模式的颜色滑块。拖动小三角滑块可以改变颜色分量的数值,当然也可以直接输入数值。

（3）使用"色板"面板。单击"控制"面板区中的"色板"选项,打开"色板"面板,将光标移到需要的颜色上,光标变为吸管形状,单击即可将其设置为前景色,单击的同时按住 Ctrl 键,则可将其设置为背景色。另外,根据设计需要可以调整色板中的颜色,将色板上的一个颜色拖动到"删除"按钮上即可删除该颜色;若要添加颜色,则可以将光标移动到下部空白色样处,当光标变成油漆桶状时单击,即可将前景色添加到色板。

（4）使用"吸管"工具。在工具箱中选择"吸管"工具,移动光标到所需颜色处单击,即可将拾取的颜色设置为前景色,单击的同时按住 Alt 键,即可将拾取的颜色设为背景色。

2. 油漆桶工具和渐变工具

油漆桶和渐变工具用于以不同的方式为图像填色。

（1）油漆桶工具 。油漆桶工具和"编辑"→"填充"命令十分相似,用来在图像或选区内填充颜色或图案。但油漆桶工具在填充前会对光标单击位置的颜色进行采样,只填充颜色相同或相似的图像区域。在工具箱中选择油漆桶工具,可在油漆桶工具属性栏中设置填充的内容,如图 1-6 所示,当选择填充图案时,"图案"列表框被激活,可选择所需填充的图案,如图 1-7 所示。"容差"选项表示被填充范围颜色和光标点中点的颜色差别范围,"容差"越大,被填充的像素越多,"容差"越小,被填充的像素越少。

图 1-6　"油漆桶"工具属性栏

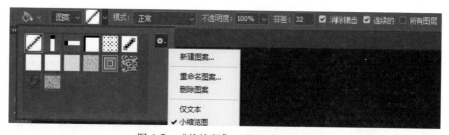

图 1-7　"油漆桶"工具图案属性栏

（2）渐变工具 。在工具箱中单击"渐变"工具,出现如图 1-8 所示的工具属性栏。渐变方式既可以选择系统设定值,也可以自己定义。渐变方式有线性渐变、径向渐变、角度渐变、对称渐变和菱形渐变等几种。如果不选择区域,则将对整个图层进行渐变填充。单击选项栏中"渐变"列表框的下拉按钮可弹出"渐变"列表,如图 1-9 所示。其中有"前景色到背景色""前景色到透明"和"黑白"渐变等选项。单击"渐变"列表框中的渐变效果 ,将弹出"渐变编辑器"对话框,如图 1-10 所示。使用渐变编辑器可先从预置框中选择一个渐变,再进行修改。渐变条下方,一个色标代表渐变中的一种颜色,根据渐变颜色的多少,在渐变条下方单击添加所需的色标。双击色标或先单击色标,再单击激活的"颜色",可打开"拾色器"对话框调整颜色。选中色标显示为形状,拖曳鼠标可移动色标。若需删除多余色标,则可在选中该色标后单击"删除"按钮或直接将色标拖出渐变条。渐变条上方,色标代表"透明度",可创建透明渐变,使用方法同上。

图 1-8　"渐变"工具属性栏

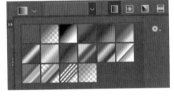

图 1-9　"渐变"列表

图 1-10　渐变编辑器

　　(3) 常用组合键。切换前景与背景色:按 X 键;背景色填充:按 Ctrl+Delete 组合键;前景色填充:按 Alt+Delete 组合键;恢复默认前景背景颜色:按 D 键。

　　3. 图像修饰工具

　　图像修饰和相片润色在日常图像处理中十分重要。图像修饰工具包括各种图章、修复、颜色替换和模糊锐化等工具。

　　(1) 图章工具 。图章工具共分为两类:一类为仿制图章工具 ,另一类为图案图章工具 。

　　① 仿制图章工具 能够将一幅图像的全部或部分复制到同一幅图像或其他图像中,从而产生某部分或全部的拷贝,它是修补图像时常用的工具。例如,若有图像有折

痕,可用此工具选择与折痕附近颜色相似的像素点进行修复。仿制图章工具的属性栏如图 1-11 所示,在此属性栏中有一个"对齐"选项,选中此复选框,在复制时不论执行多少次操作,都能保持复制图像的连续性,否则每次复制时都会以按下 Alt 键取样时的位置为起点开始复制。还有一个"样本"选项,可以选择在当前图层取样,还是在当前及下方图层或所有图层取样。使用仿制图章工具时应先打开一幅图像,选中工具箱中的仿制图章工具,在其对应的属性栏中设置画笔大小和硬度值等属性,在按住 Alt 键的同时单击确定取样源点,然后松开 Alt 键,在"图像"窗口中另外的位置按住左键拖动,鼠标指针拖过的地方会出现取样点处的图像,并且会在取样点附近出现一个移动的光标,表示当前复制得到的图像对应于的取样点。

图 1-11 仿制图章工具属性栏

② 图案图章工具 的属性栏如图 1-12 所示,在此属性栏中也有一个"对齐"选项,勾选该选项后,可以保持图案与原始起点的连续性,关闭该选项后,每次单击都要重新应用图案。此工具属性栏中还有一个"印象派效果"选项,勾选该选项后,可以模拟出印象派效果图案。图案图章工具也是用来复制图像的,使用图案图章工具可以使用预设图案或载入的图案进行绘画。图案图章工具和仿制图章工具的设定项相似,不同的是图案图章工具直接以图案进行填充,不需要按住 Alt 键进行取样。

图 1-12 图案图章工具属性栏

(2) 修复工具 。修复工具包括修复画笔工具 ,污点修复画笔工具 、修补工具 、内容感知移动工具 和红眼工具 。

① 修复画笔工具 主要用于对图像中缺损或不理想的局部进行修复。图章工具只能将取样点的像素分毫不差地搬过来,而修复画笔工具则可在复制取样点像素的同时将样本像素的纹理、光照、透明度和阴影与源像素进行匹配,使修复后的像素不留痕迹地融入图像的其余部分。修复画笔工具的属性栏如图 1-13 所示,其中"源"选项后有两个选项,当选择"取样"选项时,与仿制图章工具相似,先按住 Alt 键确定取样,然后松开 Alt 键将鼠标移到要复制的位置,按住左键拖曳鼠标;当选择"图案"选项时,与图案图章工具相似,可在弹出的面板中选择不同的图案或自定义图案进行图像填充。

图 1-13 修复画笔工具属性栏

② 污点修复画笔工具 会自动进行像素取样,可快速有效地消除瑕疵,使它们消失在周围的图像中,污点修复画笔不需要指定样本点,将鼠标放置在图像上单击,它会在需要修复的区域外的图像周围自动取样。污点修复画笔工具的属性栏如图 1-14 所示,其中"类型"选项用来设置修复的方法,选择"近似匹配"选项时,自动修复的像素可以获得较平滑的修复结果;选择"创建纹理"选项时,自动修复的像素将会以修复区域周围的纹

理填充修复结果;选择"内容识别"选项时,可以使用选区周围的像素进行修复。

图 1-14　污点修复画笔工具属性栏

③ 修补工具 可以从图像的其他区域或使用图案修补当前选中的区域,它与修复画笔工具的相同之处是修复的同时会保留原来的纹理、亮度及层次等信息。其属性栏如图 1-15 所示,其中"源"选项表示使用当前选区中的图像修补原来选中的内容。"目标"选项表示使用选中的图像复制到目标区域。"透明"选项可以使修补的图像与原始图像产生透明的叠加效果。

图 1-15　修补工具属性栏

④ 内容感知移动工具 可以将图像移动或复制到另外一个位置。该工具与修复画笔工具位于同一工作组。其属性栏如图 1-16 所示,在选项栏中进行模式设置时,选择"移动"选项即可将选区内容移动到新的位置,移动后软件会根据周围环境填充空出来的选择区域;选择"扩展"选项即可将选区内容复制到其他地方,复制的内容将在新的环境中进行自动匹配。

图 1-16　内容感知移动工具属性栏

⑤ 红眼工具 可以移去闪光灯拍摄的人物照片中的红眼,也可以移去用闪光灯拍摄的动物照片中的白色或绿色反光。其属性栏如图 1-17 所示,"瞳孔大小"选项用来设置眼睛暗色中心的大小;"变暗量"选项用来设置瞳孔的暗度。

图 1-17　红眼工具属性栏

4. 画笔工具与画笔面板

(1) 画笔工具 。画笔工具是最基本的绘图工具,学会使用该工具是绘制和编辑图像的基础。在使用画笔工具绘画时首先应设置前景色,然后再通过工具属性栏对画笔的笔尖形状、大小和不透明度等属性进行设置,如图 1-18 所示。单击"画笔预设选取器"按钮 ,打开"画笔预设选取器"面板,如图 1-19 所示。选择 Photoshop 提供的画笔预设样本,移动"大小"滑杆或直接在文本框中输入数值以设置画笔的大小;移动"硬度"滑杆定义画笔边界的柔和程度。请注意:如果想使绘制的画笔保持直线效果,则可在画面上单击确定起始点,然后在按住 Shift 键的同时将鼠标移到另一边再次单击,两个击点之间就会自动连接起来并形成一条直线。

图 1-18　画笔工具属性栏

图 1-19   "画笔预设选取器"面板

（2）"画笔"面板。单击切换"画笔设置"面板按钮 ![icon] （或按 F5 键），打开"画笔设置"面板，如图 1-20 所示，用户可以在其中预览、选择 Photoshop 提供的预设画笔。设置笔尖形状的参数有笔尖形状及相关大小、硬度、角度、圆度、间距等。在面板下方还有该画笔

的绘画效果预览。在"画笔设置"面板中，"形状动态"选项可以切换到相应的参数设置，该选项可以增加画笔的动态效果；"散布"选项可以设置画笔绘制内容偏离绘画路线的程度和数量，即绘制图像的动态分布效果；"颜色动态"选项可以控制绘画过程中画笔颜色的变化情况。在设置动态颜色时，"画笔设置"面板下方的预览框不会显示相应的效果，只有在"图像"窗口中绘制后才能看到动态颜色效果。

（3）导入画笔。在实际应用中，仅靠 Photoshop 提供的画笔预设样本远远不够，这时便可在网络上查找所需的画笔资源，然后导入系统中使用。单击"画笔预设选取器"面板右上方的 ![icon] 按钮，在弹出的下拉菜单中选择"导入画笔"选项，弹出"载入"对话框，选择扩展名为 abr 的画笔文件，单击"载入"按钮将画笔载入。打开"画笔预设选取器"面板，选择自己所需的画笔便可进行绘制。

（4）自定义画笔。自定义画笔的制作非常简

图 1-20   "画笔设置"面板

单:将需要定义为画笔的内容用一个选择区域圈起来,然后执行菜单栏中的"编辑"→"定义画笔预设"命令,即会在"画笔预设选取器"面板中出现一个新的画笔。定义的画笔形状的大小可高达 2500 像素×2500 像素,为了使画笔的效果更好,最好为画笔设定一个纯白的背景,因为白色的背景在定义画笔后,在用此画笔绘制图像时,白色的部分可自动转为透明。自定义画笔时最好使用灰度颜色,因为对于画笔来说,颜色是由当前使用的前景色确定的,自定义画笔只能定义画笔的形状和虚晕的变化。

5. 橡皮擦工具组

Photoshop 中的橡皮擦工具一般用于擦除原有的图像。所谓的擦除,其实质是一种特殊的描绘。Photoshop 中的橡皮擦工具组有橡皮擦工具 、背景橡皮擦工具 和魔术橡皮擦工具 。

(1)橡皮擦工具 可以直接拖动以擦除图像。在普通图层中,橡皮擦工具可将所涂区改为透明色,在背景图层中,可将所涂区域改为背景色,并可将图像还原到"历史记录"面板中图像的任何一个状态。单击工具箱中的橡皮擦工具,它的属性栏如图 1-21 所示,"模式"表示在其弹出的菜单中可选择不同的橡皮擦类型,当选择"画笔"和"铅笔"时,橡皮擦工具的光标与画笔和铅笔的相似;而选择"块"时,橡皮擦工具光标是一个正方形。"不透明度"用来设置擦除强度。当模式设置为块时,该选项将不可用。"流量"用来设置涂抹速度。勾选"抹到历史记录"选项时,橡皮擦工具相当于历史记录画笔工具,可将修改过的图像恢复到"历史记录"面板中的任一状态。

图 1-21 橡皮擦工具属性栏

(2)背景橡皮擦工具 通过连续采集画笔中心的色样,并删除在画笔轨迹中任何位置出现的该颜色,将前景从背景色中提取出来,非常适合清除背景较为复杂的图像,它会将被擦除部分转变为透明色。单击工具箱中的背景橡皮擦工具,它的属性栏如图 1-22 所示,"取样"选项有 3 种:按下连续取样按钮 可在拖动鼠标时连续对颜色取样;按下一次取样按钮 ,只擦除包含第 1 次单击的颜色和处于容差范围内的区域;按下背景色板按钮 ,只擦除包含当前背景色的区域。"限制"选项用来设置橡皮擦除的方式。"不连续"选项可以删除所有取样颜色;"连续"选项只擦除与样本颜色相互连接的区域;"查找边缘"选项则擦除包含样本颜色的相关区域,并保留形状边缘的锐化程度;"容差"选项用来控制橡皮擦除颜色的范围,数值越大则范围越大,反之亦然。

图 1-22 背景橡皮擦工具属性栏

(3)魔术橡皮擦工具 可根据颜色近似程度确定将图像擦成透明的程度,它的除背景效果非常好,当使用魔术橡皮擦工具在图层上单击时,会自动将图层中所有相似的像素变为透明。单击工具箱中的魔术橡皮擦工具,它的属性栏如图 1-23 所示,"容差"选项用来设置可擦除的颜色范围,数值越小则擦除的相似颜色范围就越小,反之亦然。"消除锯齿"选项可以使擦除区域的边缘变得平滑。"连续"选项只会去除图像中和鼠标单击点相似并连续的部分;关闭选项时,可以擦除图像中所有相似的像素。

图 1-23　魔术橡皮擦工具属性栏

1.2　应用实例

1.2.1　设置渐变编辑器并绘制彩虹

(1) 启动 Photoshop CC 2018,打开如图 1-24 所示的素材文件。

(2) 单击"图层"面板底部的新建按钮,新建一个图层,如图 1-25 所示。

图 1-24　实例素材文件

图 1-25　新建图层

(3) 在工具箱中选择渐变工具,单击选项栏中的渐变框按钮,弹出"渐变编辑器"对话框,选择"透明彩虹渐变"选项,如图 1-26 所示。

(4) 如图 1-27 所示,移动颜色的"色标"滑块与"不透明度色标"滑块。

(5) 在渐变工具选项栏中单击"径向渐变"按钮,选择渐变样式,如图 1-28 所示。

(6) 在新建的图层 1 由下向上拖动鼠标绘制渐变形状,若对已绘制的图像大小和形状不满意,还可执行"编辑"→"自由变换"命令或按 Ctrl+T 组合键进行调整,然后将渐变填充好的图像移至合适位置。再在工具箱中选择橡皮擦工具,设置"不透明度"为15%,使用柔边圆笔尖在绘制好的渐变形状上涂刷,有云层的地方需要多擦除一些,最终的彩虹效果如图 1-29 所示。

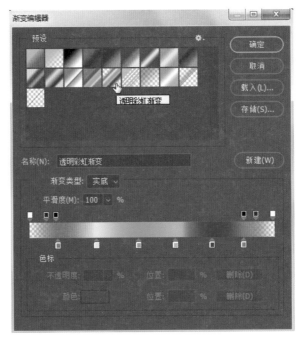

图 1-26　选择预设的渐变颜色

图 1-27　移动滑块

图 1-28　单击"径向渐变"按钮

图 1-29　使用渐变制作彩虹

1.2.2 使用自定义画笔为图像添加心形相框

（1）启动 Photoshop CC 2018，打开如图 1-30 所示的素材文件。

图 1-30 实例素材文件

（2）单击"图层"面板底部的新建按钮 ，新建图层 1。

（3）选择工具箱中的自定形状工具 ，在其工具选项栏中选择"像素"选项，如图 1-31 所示。

图 1-31 "像素"选项

（4）单击"形状"选项右侧的 按钮，打开"形状"面板，在形状列表中找到"蝴蝶"形状，如图 1-32 所示。

（5）在"图层"面板中，单击"背景"图层左边的"指示图层可见性"图标 ，将背景层隐藏，并在新建的图层 1 上绘制蝴蝶形状，再使用选框工具 将所绘制的蝴蝶框选，然后执行"编辑"→"定义画笔预设"命令，如图 1-33 所示。

图 1-32 "蝴蝶"形状

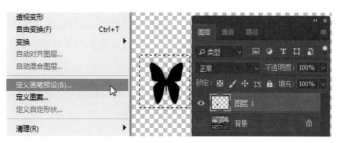

图 1-33 自定义画笔预设

（6）在弹出的"画笔名称"对话框中为新创建的画笔命名。

（7）按 B 键切换到画笔工具 ，按 F5 键打开"画笔"面板，设置画笔的形状动态和画笔的颜色动态，并设置自己喜欢的前景色和背景色，如图 1-34 所示。

(a) 画笔形状动态   (b) 画笔颜色动态   (c) 前/背景色

图 1-34 画笔工具应用设置

(8) 先将图层 1 隐藏或删除,然后选中定义好的蝴蝶画笔,设置动态效果后绘制一个心形相框,最终的效果如图 1-35 所示。

图 1-35 自定义画笔绘制心形相框

实验 1 Photoshop 基本操作

【实验目的】

(1) 熟悉 Photoshop 工作环境。

(2) 掌握 Photoshop 常用工具的使用。

(3) 掌握图像的编辑操作。

【实验环境】

（1）网络环境。

（2）多媒体计算机和 Photoshop CC 2018。

【实验内容】

利用 Photoshop 工具箱中相应的工具完成如图 1-36 所示的操作。

图 1-36　效果图

附：在完成以上实验内容的基础上，大家可发挥各自的创意使效果变得更好。

【实验步骤】

（1）执行"开始"→"程序"→Adobe Photoshop CC 2018 命令，启动 Photoshop CC 2018。

（2）执行"文件"→"新建"命令或按 Ctrl＋N 组合键，在打开的对话框中设置宽度为 800 像素，高度为 600 像素，分辨率为 72 像素/英寸，颜色模式为 RGB，背景为白色，然后单击"确定"按钮新建文件。

（3）在工具箱中选择渐变工具，单击选项栏中的渐变框按钮，弹出"渐变编辑器"对话框，选择"蓝，红，黄渐变"，如图 1-37 所示，双击"色标"滑块，弹出"拾色器"对话框，设置如图 1-37 所示的颜色，并在名称栏中输入"蓝天绿地"，然后单击"新建"按钮，"蓝天绿地"的渐变就设置好且保存在预设渐变栏中了。设置渐变工具后，在新建的文件中从上到下拖动鼠标即可完成"蓝天绿地"的绘制，如图 1-38 所示。

（4）按 B 键切换到画笔工具，按 F5 键打开"画笔"面板，如图 1-39 所示，分别选择对应的花草树叶以及蝴蝶等笔刷工具，在如图 1-38 所示的文档中进行绘制，得到如图 1-40 所示的效果。

（5）绘制太阳。将前景色设置为红色，选择画笔工具，笔触样式为圆形，笔触大小为 100 像素，硬度为 0％，在如图 1-40 所示的文档的适当位置单击鼠标。

图 1-37 "蓝天绿地"渐变设置

图 1-38 "蓝天绿地"渐变效果

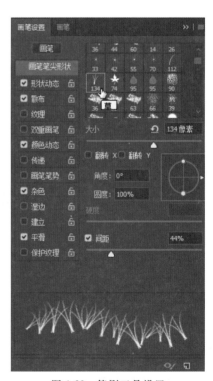

图 1-39 笔刷工具设置

图 1-40 绘制花草树叶以及蝴蝶效果图

（6）执行"文件"→"打开"命令，选择"动物.jpg"，打开动物图片，利用魔术橡皮擦工具 ![] 去除狗以外的大部分背景，使用橡皮擦工具 ![] 去除剩余的细小背景，再使用裁切工具 ![] 裁切图片到适当大小，然后使用移动工具 ![] 将裁切后的图像移至花草的上方，并按住 Ctrl＋T 组合键将狗旋转和缩放，适当调整其角度及大小。

（7）在工具箱中选择仿制图章工具 ![]，单击选项栏中如图 1-41 所示的切换仿制源面板 ![] 按钮，弹出"仿制源"面板，或者执行"窗口"→"仿制源"命令，也可打开"仿制源"面板。在打开的面板中设置缩放比例为 70%，如图 1-42 所示，并设置一个大小适当的笔刷，然后按住 Alt 键在动物图像上单击，松开 Alt 键，将鼠标移到图像中另外的位置，拖曳鼠标就会将取样位置的动物图像复制到新的位置了，其大小变为原来的 70%，动物所处的位置也移动了，用同样的方法再操作一遍，再复制一个缩小和位置移动的动物，如图 1-43 所示。

图 1-41 切换"仿制源"面板按钮

图 1-42 "仿制源"面板

图 1-43 添加太阳和动物后的效果图

（8）绘制七色彩虹。新建图层，利用径向渐变工具绘制七色彩虹，渐变色彩如图 1-44

所示。在绘制好的彩虹两侧用硬度为 0% 的橡皮涂抹,并将彩虹所在的图层设置不透明度为 50%,效果如图 1-45 所示。详细操作可参考应用实例 1.2.1 中设置渐变编辑器并绘制彩虹所对应的操作提示步骤。

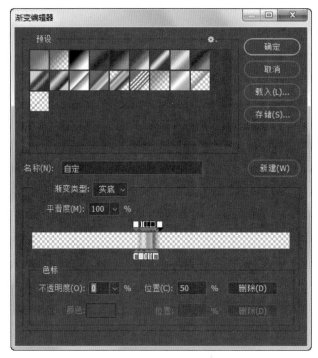

图 1-44　渐变色彩编辑

图 1-45　添加彩虹后效果图

(9) 先在网络上查找所需的画笔资源,然后导入扩展名为 abr 的画笔文件,再选择自己所需的画笔进行绘制;也可以下载一些自己喜欢的图片并在 Photoshop 中打开,再通过自定义画笔进行绘制,效果如图 1-46 所示。详细操作可参考画笔工具与"画笔"面板中的"导入画笔"和"自定义画笔"部分以及应用实例 1.2.2。

(10) 新建图层,然后选择文字蒙版工具，输入"PHOTOSHOP",再分别对文字

图 1-46　添加装饰图片后的效果图

区域进行渐变填充和图案填充操作,最后得到如图 1-36 所示的最终效果图。详细操作可参考油漆桶工具和渐变工具部分。

(11) 执行"文件"→"存储为"命令,将图像分别以"学号姓名-实验序号.psd"和"学号姓名-实验序号.jpg"为文件名保存,并上传到指定文件夹中。

【实验结果和分析】

分析效果图,并将实验中遇到的问题、解决问题的方法以及还需老师讲解的知识点写在实验报告上。

第2章　图像的选取操作

2.1　知识要点

在 Photoshop 中处理局部图像,如移动、缩放、旋转、调整色彩和滤镜变换等,首先需要利用选取操作确定范围,可以说所有 Photoshop 设计工具的工作都要依赖于选取工具的支持。这就要求我们必须精确地选取这些特定的区域,而选取范围的精确程度以及操作完成的难易程度都是至关重要的。

2.1.1　选框工具

1. 选框工具组

Photoshop 中提供了四种选框工具,分别是矩形选框工具、椭圆选框工具、单行选框工具和单列选框工具,它们在工具箱的同一按钮组中。可以通过长按鼠标左键或右击选择如图 2-1 所示的列表中的一种工具。

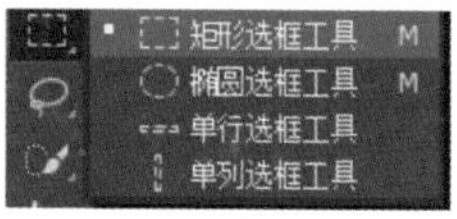

使用矩形选框工具可以创建矩形或正方形选区;使用椭圆选框工具可以创建椭圆或正圆选区;使用单行选框工具可以创建高度只有 1 像素的单行选区,常用来制作网格;使用单列选框工具可以创建宽度只有 1 像素的单列选区,也常用来制作网格。

图 2-1　选框工具

选择工具箱中的矩形选框工具或椭圆选框工具后,在绘图区中拖动鼠标,就能绘制出矩形选区或椭圆选区。按住 Shift 键拖动鼠标,可以建立正方形或圆形选区。按住 Alt 键拖动鼠标,可以以起点为中心建立矩形或椭圆选区。按住 Alt+Shift 组合键拖动鼠标,可以以起点为中心建立正方形或圆形选区。按住 Alt 键的同时单击工具箱中的选框工具,即可在各种选框工具之间切换。在使用工具箱中的其他工具时,按 M 键(在英文输入状态下)也可切换到选框工具。

2. 创建选区的模式

使用一次选框工具只能建立一个简单的矩形或椭圆形选区。若想得到更复杂的组合选区,需要通过创建选区的模式获得。创建选区的模式按钮位于选框工具属性栏左侧,一共有四种模式,也称选区的四种运算。

(1) 新选区：可建立一个新的选区,并且取消原选区。

(2) 添加到选区：新建立的选区与已有的选区相加。

（3）从选区减去 ![]：从已存在的选区中减去当前绘制的选区。

（4）与选区交叉 ![]：获得已存在的选区与当前绘制的选区相交叉(重合)的部分。

2.1.2　套索工具

套索工具用于创建不规则选区,包含 3 种不同类型的套索工具:套索工具、多边形套索工具和磁性套索工具,如图 2-2 所示。

1. 套索工具

套索工具可以根据鼠标指针运动的轨迹建立选区。选择套索工具,然后在图像窗口单击以确定起点。按住鼠标左键拖动

图 2-2　套索工具

鼠标,当鼠标指针回到起点位置时,释放鼠标左键,就会形成一个闭合的不规则选区。若鼠标释放时指针未回到起点,则会在释放点和起点之间形成一条直线,自动生成选区。

2. 多边形套索工具

多边形套索工具可产生直线型的多边形选择区域,方法是:将鼠标在要选择的图像边缘区域的拐点单击,确定第一个选取点,然后移动鼠标到下一个拐点处再次单击,确定第二个选取点,用同样的方法依次单击,当终点和起点重合时,工具图标的右下角有圆圈出现,此时单击就可形成完整的选区。请注意:按住 Shift 键拖动鼠标可以得到水平、垂直或呈 45°方向的线;按住 Alt 键拖动鼠标可以切换为套索工具;同理,使用套索工具时,按住 Alt 键可以切换为多边形套索工具。

3. 磁性套索工具

磁性套索工具可在拖曳鼠标的过程中自动捕捉图像中物体的边缘以形成选区,用于在背景复杂但对象边缘清晰的图像中创建选区。

选择磁性套索工具,在图像边缘一处单击,然后沿着边缘移动鼠标指针(不需要按住鼠标左键),当回到起点时,鼠标指针右下角出现小圆圈,再次单击即可完成选区。

磁性套索工具属性栏中的调节参数如下所示。

（1）羽化:用来设定晕开的程度,指选区边缘的虚化程度,其取值范围为 0~250 像素,数值越大,选区边缘虚化的程度就越明显。

（2）消除锯齿:用来保证选区边缘的平滑。

（3）宽度:取值范围是 1~40 像素,用来定义磁性套索工具检索的距离范围。

（4）对比度:取值范围是 1%~100%,用来定义磁性套索工具对边缘的敏感程度。

（5）频率:取值范围是 0~100,用来控制磁性套索工具生成固定点的数量。频率越高,越能更快地固定选择边缘。

请注意:对于图像中边缘不明显的物体,可设定较小的套索宽度和边缘对比度,这样跟踪的选择范围会比较准确。通常来讲,设定较小的"宽度"和较高的"对比度"会得到比较准确的选择范围。在使用磁性套索工具的过程中,若要改变套索宽度,可按键盘上的"["和"]"键,每按一次"["键,可将宽度减少 1 个像素,每按一次"]"键,可将宽度增加 1 个像素。按住 Alt 键单击可以切换为多边形套索工具;按住 Alt 键拖动鼠标可以切换为套索工具。

2.1.3　魔棒、快速选择工具

快速选取工具包含魔棒工具和快速选择工具,如图 2-3 所示。

图 2-3　快速选区工具

1. 魔棒工具

魔棒工具是基于图像中相邻像素颜色的近似程度进行选择的,只需单击一次,就能选中与单击处颜色相近的区域。

魔棒工具属性栏中的调节参数如下。

(1) 容差。用于定义一个颜色相似度(相对于单击的像素),值的范围可以从 0～255。若设置较小的容差值,魔棒会选择非常相近的颜色。容差值越大,则选择的色彩范围也越大。

(2) 连续的。若该复选框被选中,魔棒工具只能建立与单击处相邻的区域中的选区;否则,魔棒工具将选择整个图片中所有与单击处颜色相近的像素。

(3) 对所有图层取样。勾选该复选框时,如果文件中包含多个图层,魔棒工具将选择所有可见图层上颜色相近的区域;取消勾选时,则只选择当前图层上颜色相近的区域。

注意:按住 Shift 键可以扩大选区;按住 Alt 键可以从当前选区中减去所选的颜色区域。

2. 快速选择工具

快速选择工具的使用方法是基于画笔模式的,拖动时选区会向外扩展,自动查找并沿着图像的边缘描绘边界。也就是说,可以用笔刷“画”出所需的选区。如果是选取离边缘比较远的较大区域,则要使用大一些的笔刷;如果是要选取精细的边缘,则应换成小尺寸的笔刷,这样才能尽量避免选取背景像素。

快速选择工具属性栏中的“自动增强”选项一般是需要勾选的,可以降低选取范围边界的粗糙度和块效应,即使选区向主体边缘进一步流动并做一些边缘调整。快速选择工具具有一定智能化的功能,它比魔棒工具更加直观和准确。

注意:在“画”选区的过程中,按“[”和“]”键可以减小或增加笔刷大小。

2.1.4　“色彩范围”命令创建选区

菜单栏中的“选择”→“色彩范围”命令是一个根据图形中的颜色范围创建选区的命令。该命令在对相近的颜色区域建立选区时更加灵活,因为利用此方法建立选区时可以一边调整,一边预览选择效果,还可以利用吸管工具增加和减少色彩取样。

(1) 在 Photoshop CC 2018 环境下打开“花.jpg”图像。

(2) 执行“选择”菜单→“色彩范围”命令,打开“色彩范围”对话框,用吸管工具在红色的花瓣上单击取样。

(3) 调整颜色容差值,也可利用添加到取样进行补选,然后单击“确定”按钮。

(4) 对话框设置与选区效果如图 2-4 所示。

(5) 一般来说,一次很难将大范围的选区准确定义,因此还需要进行选取范围的补

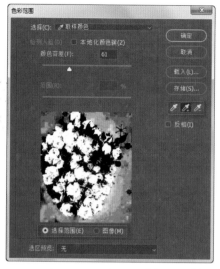

图 2-4 "色彩范围"命令创建选区

充,"色彩范围"对话框的右部有 3 个小按钮,选中 并在图中多处单击,直到要选择的区域被全部包含进去为止;可减去多余的像素;而 ![] 吸管只能进行一次选择。

(6)在"色彩范围"对话框预视图的下方有两个选项,即"选择范围"和"图像"。当选中"选择范围"选项时,预视图中即以 256 灰阶表示选中和非选中的区域,白色表示全部选中的区域,黑色表示没有选中的区域;当选中"图像"选项时,在预视图中就可看到彩色的原图。

2.1.5 使用钢笔工具创建选区

通过钢笔和转换点工具可以创建各种复杂的路径,而路径和选区之间又可以相互转换,这样就可以得到比较精准的选区了。钢笔工具会在后续章节中具体介绍,下面先通过一个例子说明。

(1)在 Photoshop CC 2018 中打开"鱼.jpg"文件,选择工具箱中的钢笔工具 ![],再选择钢笔工具属性栏中的路径 ![],沿着鱼的外轮廓描绘出路径,并通过转换点工具进行微调,使路径更精确,如图 2-5 所示。

图 2-5 使用钢笔工具创建路径

（2）按 Ctrl＋Enter 组合键将路径转换为选区。

（3）打开"鱼背景.jpg"文件，再通过复制及粘贴操作，将鱼更换了背景，调整其位置和大小，效果如图 2-6 所示。

2.1.6 Alpha 通道创建选区

1. Alpha 通道

Alpha 通道是一种灰度图，用来创建、存放和编辑选区。当用户创建的选区被保存后就以灰度图的方式被存放在一个新建的通道中，这个通道称为 Alpha 通道。

（1）新建通道。单击"通道"面板下方的创建新通道按钮即可创建一个通道。在创建好的通道上双击可以调出通道的属性对话框，如图 2-7 所示。

图 2-6　更换背景效果　　　　　　图 2-7　"通道选项"对话框

（2）选择通道。在"通道"面板上单击通道名称或缩略图，即可选中并显示该通道。

（3）显示/隐藏通道。单击"通道"面板左边的眼睛图标可以显示或隐藏该通道。

（4）复制通道。选中要复制的通道，将其拖放到"通道"面板底部的创建新通道按钮即可复制出一个通道。

（5）删除通道。要想删除一个通道，将其拖放到"通道"面板底部的删除通道按钮即可。

2. 在通道中建立选区

通道是一种灰度图，它可以被转换为选区。当通道转换为选区时，通道中的白色区域表示被选中，黑色区域表示没有选中，灰色区域表示部分选中。可以使用画笔、渐变、滤镜等各种工具在通道上进行绘制，制作出复杂的选区。

（1）在 Photoshop CC 2018 中打开"wo.jpg"文件。

（2）打开"通道"面板，单击创建新通道按钮，新建 Alpha 1 通道。

（3）为了在 Alpha 1 通道上能看到图像的选取范围，先单击 RGB 复合通道让其显示后再选择 Alpha 1 通道，然后选择矩形选框工具，在 Alpha 1 通道上绘制出一个如图 2-8 所示的矩形选区。

（4）隐藏 RGB 复合通道（单击 RGB 通道左边的眼睛图标），再执行"选择"→"反选"命令或按 Ctrl＋Shift＋I 组合键对选区进行反选，然后按 Alt＋Delete 组合键，用白色填充选区。

图 2-8　在 Alpha 通道创建选区

（5）按 Ctrl＋D 组合键取消选区，执行"滤镜"→"模糊"→"高斯模糊"命令，参数半径设置为 50 像素，查看效果，不满意则可以再增减参数值。

（6）执行"滤镜"→"像素化"→"彩色半调"命令，最大半径设置为 8 像素，其他参数的设置如图 2-9 所示，不满意则可以再适当调整。

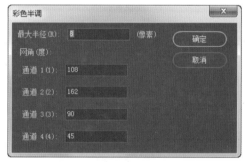

图 2-9　"彩色半调"对话框

（7）按住 Ctrl 键，单击 Alpha 1 通道的缩略图，将选区载入，如图 2-10 所示。

（8）单击 RGB 复合通道，按 Alt＋Delete 组合键，用设置好的前景色填充选区，最终效果如图 2-11 所示。

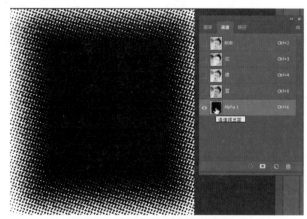

图 2-10　单击通道缩略图载入选区

图 2-11　利用通道制作的特殊效果

27

2.1.7 使用快速蒙版创建选区

蒙版是一种遮盖工具,可以分离和保护图像的局部区域。因此,在创建蒙版后,当需要改变图像某个区域的颜色或者要对该区域应用滤镜或其他效果时,可以隔离并保护图像的其余部分。也可以在进行复杂图像编辑时使用蒙版,例如将颜色或滤镜效果逐渐应用于图像。

蒙版存储在 Alpha 通道中。蒙版和通道都是灰度图像,因此可以使用绘画工具、编辑工具和滤镜像编辑任何其他图像一样对它们进行编辑。在蒙版上,用黑色绘制的区域将会受到保护,用白色绘制的区域是可编辑区域。

使用快速蒙版模式可将选区转换为临时蒙版,以便更轻松地编辑。快速蒙版将作为带有可调整的不透明度的颜色叠加出现,可以使用任何绘画工具编辑快速蒙版或使用滤镜修改它。退出快速蒙版模式之后,蒙版将转换为图像上的一个选区。

(1) 在 Photoshop CC 2018 中打开 me.jpg 图片。

(2) 执行"选择"→"在快速蒙版模式下编辑"命令,或者单击工具箱中的"以快速蒙版模式编辑"按钮 ,进入快速蒙版编辑状态。双击"以快速蒙版模式编辑"按钮 ,可先对快速蒙版进行设置,如图 2-12 所示。

(3) 选择画笔工具 ,设置前景色为黑色,对人物进行勾勒。默认设置下,被蒙版区域为红色,所以画笔涂抹过的地方会显示红色,如图 2-13 所示。如果有涂抹错的地方,则可以使用橡皮擦工具擦除,也可以使用白色画笔修改。

图 2-12 "快速蒙版选项"对话框

图 2-13 画笔涂抹效果

(4) 单击快速蒙版按钮 ,返回正常编辑模式。原先的快速蒙版会转换为选区,白色区域为选中部分,黑色区域为未选中部分,如图 2-14 所示。

(5) 执行"选择"→"反选"命令反选选区。然后复制选区内容,粘贴到新打开的图像文件"长城.jpg"中,调整其大小和位置,最终效果如图 2-15 所示。

2.1.8 选区的编辑和存储

在创建好选区后,可能仍然需要对选区进行调整和移动,也可能需要保存创建好的

图 2-14　快速蒙版转换为选区

图 2-15　利用快速蒙版为人物换背景

选区,以待下次继续使用。

1. 选区的基本操作

（1）选择全部。执行"选择"→"全部"命令或按 Ctrl＋A 组合键,即可选择图像中的所有内容。

（2）取消选择。执行"选择"→"取消选择"命令或按 Ctrl＋D 组合键,即可取消当前的选区。

（3）反向选择。执行"选择"→"反选"命令或按 Ctrl＋Shift＋I 组合键,即可选择当前选区以外的区域,同时放弃当前选区。

（4）载入选区。执行"选择"→"载入选区"命令或在按 Ctrl 键的同时单击当前图层的缩略图,即可载入所选图层的非透明区域并转换为选区。

2. 移动选区

移动选区有两种情况：只移动选区，不影响选区中的内容；连同选区和内容同时移动。

（1）只移动选区。选择选框工具组、套索工具组和魔棒工具中的任何一个工具，然后将鼠标移到选区范围内，按住鼠标左键并拖动就能移动选区。

（2）移动选区中的图像。选择移动工具，将鼠标指针移到选区范围内，按住鼠标左键并拖动就能移动选区中的图像，选区也会一起移动。

3. 修改选区

执行"选择"→"修改"命令，可对选区进行"边界""平滑""扩展"和"收缩"操作。

（1）边界。可以在选区的边缘建立新选区，宽度可以设置。

（2）平滑。使用魔棒等色彩范围工具创建选区后，可能会出现一大片选区中有些地方未被选中或者选区边缘锯齿感严重的情况，"平滑"命令可以很方便地去除这些小块，使选区变得完整和平滑。

（3）扩展和收缩。使用该命令可将选区范围扩大或缩小1～100像素。

4. 变换选区

执行"选择"→"变换选区"命令可对选区进行移动、放大、缩小、旋转和斜切操作。这些操作既可以通过鼠标完成，也可以通过在其属性选项栏上输入数值完成。

5. 羽化选区

当将两个不同的图像拼接在一起时，可能由于拼接边缘太清晰而使图片显得生硬和不自然。羽化命令可以柔化选区边界，使选区的边缘产生渐变、柔和的过渡效果。执行"选择"→"修改"→"羽化"命令可为已经创建的选区添加羽化效果。另外，羽化效果也可以直接作用在创建选区的过程中。在工具箱中选择某种选区工具后，可以在该工具属性栏的"羽化"文本框中设置羽化半径，其值越大，羽化效果越明显，0表示不使用羽化。

6. 存储和载入选区

在创建好一个精心选取的选区后，可能需要将它保存下来，以备以后重复使用。这时候就需要执行"选择"→"存储选区"命令，在弹出的"存储选区"对话框中设置选区的名称，单击"确定"按钮，选区就被存储在Alpha通道中了。当需要重新载入之前保存的选区时，执行"选择"→"载入选区"命令即可调用。

2.2 应用实例

2.2.1 制作证件照

（1）启动Photoshop CC 2018，执行"文件"→"打开"命令，打开素材文件夹中的"证件原图.jpg"图片，如图2-16所示。

（2）选择工具箱中的裁剪工具，在其属性栏中按照如图2-17所示的参数进行设置：在"选择预设长宽比或裁剪尺寸"下拉列表中选择"宽×高×分辨率"选项，照片的尺寸宽度设为2.5厘米，高度设为3.5厘米，分辨率设为300像素/厘米。在照片的合适位

置裁剪，然后按 Enter 键确定，裁剪后的图片如图 2-18 所示。

图 2-16　证件照原片

图 2-17　裁剪工具属性栏设置

图 2-18　裁剪后的图片

（3）选中"背景"图层，选择工具箱中套索工具组中的磁性套索工具 ，并设置其属性，如图 2-19 所示。沿着人物图像的边缘移动鼠标指针，当鼠标指针右下角出现小圆圈时，再单击即可完成选取，当出现误操作时，可以按 Delete 键删除不需要的节点。

图 2-19　磁性套索工具属性栏设置

注意：选取的时候为了便于操作，可以适当放大图像，也可以用钢笔工具、魔棒工具、快速蒙版、Alpha 通道等创建选区。在使用中还可以结合多种方法，可依据不同对象灵活应用。因磁性套索工具没有举例说明，故此例采用磁性套索工具创建选区。

（4）执行"选择"→"反选"命令，再设置前景色为♯85ade8，然后按 Alt＋Delete 组合键填充背景层，得到如图 2-20 所示的效果。

（5）执行"图像"→"画布大小"命令，在打开的"画布大小"对话框中勾选"相对"复选框，将"宽度"和"高度"都设置为0.2厘米，"画布扩展颜色"设为白色，如图2-21所示，单击"确定"按钮后的效果如图2-22所示。

图 2-20　更换背景后的效果图

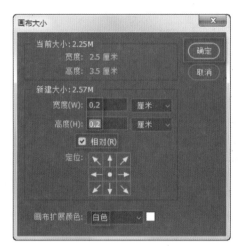

图 2-21　"画布大小"对话框

（6）执行"编辑"→"定义图案"命令，在打开的"图案名称"对话框的"名称"栏中输入"一寸照片"，单击"确定"按钮，得到定义的图案。

（7）执行"文件"→"新建"命令，在打开的"新建"对话框中对文件进行设置：宽度设为21厘米，高度设为29.7厘米，分辨率设为300像素/厘米，颜色模式设为RGB，背景内容设为白色，设置完成后单击"确定"按钮，如图2-23所示。

图 2-22　添加白边效果

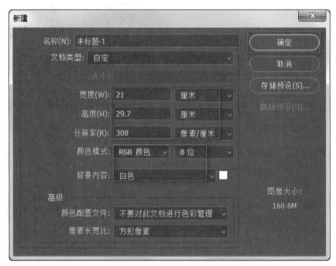

图 2-23　"新建"对话框

（8）执行"编辑"→"填充"命令，在打开的"填充"对话框中将"内容"设置为"图案"，在"自定图案"选项中选择刚才制作的图片，如图2-24所示，单击"确定"按钮，一张充满A4纸大小的一寸证件照就制作完成了，如图2-25所示。

图 2-24　"填充"对话框

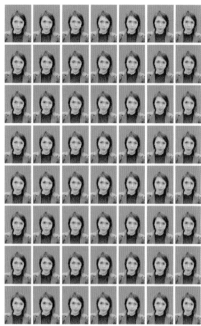

图 2-25　效果图

注意：还可以将图 2-22 所示的一寸照片多次复制和粘贴到新建的文档中，然后放置好多张一寸照片的位置，用此方法不仅可以自由控制每张照片之间的间距，还可以自由控制照片的数量，例如在一张 A5 纸中只摆放 16 张一寸照片，如图 2-26 所示，当然也可以增大一寸照片的扩边。

图 2-26　效果图

2.2.2　选取操作综合应用实例

（1）执行"开始"→"程序"→Adobe Photoshop CC 2018 命令，启动 Photoshop CC 2018。

（2）执行"文件"→"新建"命令或按 Ctrl＋N 组合键，在打开的对话框中设置宽度为 600 像素，高度为 600 像素，分辨率为 72 像素/英寸，颜色模式为 RGB，背景为白色。

（3）在工具箱中选择椭圆选框工具![]，在属性栏设置模式为新选区![]，按 Shift＋Alt 组合键，拖动鼠标，在画布中央绘制一个圆。

（4）设置前景色为红色，按 Alt＋Delete 组合键，为圆形选区填充红色。

（5）执行"选择"→"修改"→"收缩"命令，设置收缩量为 30 像素。按 Delete 键删除选区内容，再执行"选择"→"取消选择"命令或按 Ctrl＋D 组合键取消选区，即可得到如图 2-27 所示的圆环效果图。

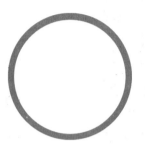

图 2-27　圆环效果图

（6）在工具箱中选择矩形选框工具![]，设置模式为"新选区"，样式为固定比例，长和宽各为 1，如图 2-28 所示。拖动鼠标绘制一个正方形，效果如图 2-29 所示。

图 2-28　矩形选框工具设置

（7）执行"视图"→"显示"→"网格"命令，方便绘制。选择矩形选框工具![]，设置模式为从选区减去![]，样式为正常，绘制 5 个矩形选区后得到如图 2-30 所示的效果。

（8）按 Alt＋Delete 组合键，为选区填充前景色红色。按 Ctrl＋D 组合键取消选区，得到工商银行标志图，如图 2-31 所示。

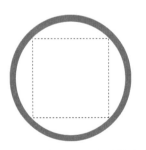 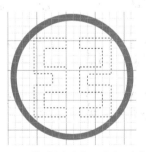 

图 2-29　绘制正方形选区效果图　图 2-30　从选区减去 5 个矩形选区　图 2-31　工商银行标志图
后的效果图

（9）执行"文件"→"打开"命令或按 Ctrl＋O 组合键打开"泡泡背景.jpg"文件，在"图层"面板中单击新建按钮![]新建"图层 1"，然后选择椭圆选框工具![]，建立一个圆形选区。

（10）按 D 键设置系统默认的前景色与背景色，按 Ctrl＋Delete 组合键填充白色背

景色。

（11）执行"选择"→"修改"→"羽化"命令或按 Shift＋F6 组合键，设置选区的羽化值为 30。

（12）按 Delete 键删除所选图像像素，操作过程如图 2-32 所示。

(a) 建立并填充圆形选区　　　　　(b) 设置羽化值　　　　　(c) 删除选区内的像素效果

图 2-32　建立选区、羽化选区、删除选区内的像素

（13）选择画笔工具 ✎ ，并在属性栏中设置画笔的不透明度和流量，如图 2-33 所示。

图 2-33　画笔工具属性栏设置

（14）打开"画笔"面板，进行画笔设置，如图 2-34 所示。

（15）设置完成后，在"图层"面板中单击 按钮，新建"图层 2"，用画笔在图中绘制高光亮点。绘制中需要注意调整画笔笔尖的大小，绘制好的泡泡效果如图 2-35 所示。

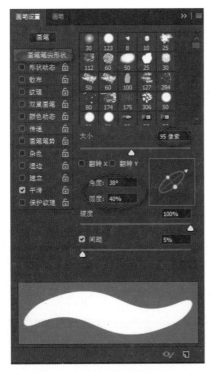

图 2-34　"画笔"面板的设置

图 2-35　泡泡效果图

（16）打开"泡泡素材.jpg"文件，选择椭圆选框工具 ，在其属性栏中设置羽化值为30，建立椭圆选区，按 Ctrl＋C 组合键进行复制，再按 Ctrl＋V 组合键粘贴到之前已做好的泡泡中。然后执行"编辑"→"自由变换"命令或按 Ctrl＋T 组合键调出控制框，调整图像的大小，如图 2-36 所示。

（17）选中"图层 1"与"图层 2"，按 Ctrl＋E 组合键将圆与高光点图层合并。选择移动工具 ，按 Alt 键拖动鼠标，可复制一个泡泡，重复此操作 3 次，对复制得到的泡泡进行大小调整、变形等操作，得到如图 2-37 所示的效果。

图 2-36　复制素材图到泡泡中并调整图像的大小

图 2-37　复制并调整泡泡后的效果图

（18）利用工具箱中的魔棒工具 选中之前制作的工商银行标志图，然后复制、粘贴到图 2-37 所示的另外一个泡泡中，并调整其大小和位置，如图 2-38 所示。

（19）新建一个图层，然后选择画笔工具组中的铅笔工具 ，写上自己的名字，例如"雪峰"。再利用魔棒工具 选中文字，并用渐变填充工具 对文字进行"色谱"填充，如图 2-39 所示。

图 2-38　复制工商银行标志图后效果图

图 2-39　用铅笔工具书写并填充"色谱"
　　　　　渐变的文字效果图

（20）将设置好的文字复制、粘贴到图 2-37 所示的另外一个泡泡中，并调整其大小和位置，得到如图 2-40 所示的最终效果图。

图 2-40　最终效果图

实验 2　图像的选取操作

【实验目的】

（1）熟练掌握选框工具、套索工具、魔棒工具的使用。

（2）熟练掌握使用 Alpha 通道创建选区。

（3）熟练掌握使用快速蒙版模式创建选区。

（4）熟练掌握选区的编辑、存储和载入方法。

【实验环境】

（1）网络环境。

（2）多媒体计算机和 Photoshop CC 2018。

【实验内容】

利用选框工具，套索工具，魔棒工具，快速蒙版，通道和选区的编辑、存储和载入方法等，完成如图 2-41 所示的合成图像。

附：在完成以上实验内容的基础上，大家可发挥各自的创意以使效果更好。

【实验步骤】

（1）启动 Photoshop CC 2018，执行"文件"→"新建"命令，设置宽度、高度各为 600 像素，分辨率为 72 像素/英寸，颜色模式为 RGB 模式，背景为白色。然后设置前景色为白色，背景色为黑色，按 Crtl+Delete 组合键为背景层填充黑色。

（2）打开"通道"面板，单击面板底部的"创建新通道"按钮 新建 Alpha 1 通道。

（3）选择工具箱中的直排文字工具 ，在其属性栏中设置字体为华文彩云，大小为 80 点，颜色为白色，在 Alpha 1 通道中输入文字"美丽人生"，然后用移动工具 将文字拖放到适当的位置。

（4）单击"通道"面板下方的"将选区存储为通道"按钮 ，得到新通道 Alpha 2，如图 2-42 所示，按 Ctrl+D 组合键取消选区。

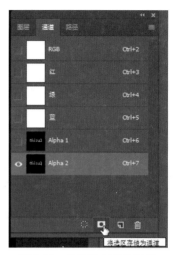

图 2-41　合成图像效果图　　　　　图 2-42　将选区存储为通道

（5）选中 Alpha 1 通道，执行"滤镜"→"模糊"→"高斯模糊"命令，设置半径为 2 像素。

（6）执行"图像"→"计算"命令，如图 2-43 所示，设置"计算"对话框中的参数，然后单击"确定"按钮，可以看到"通道"面板中多了一个新通道 Alpha 3。

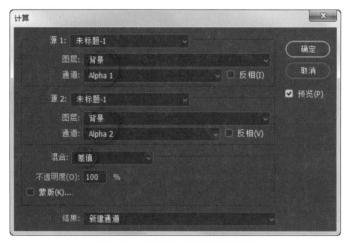

图 2-43　"计算"对话框的设置

（7）计算后的效果如图 2-44 所示。执行"图像"→"调整"→"反相"命令或按 Ctrl＋I 组合键，将像素的颜色转变为它们的互补色，效果如图 2-45 所示。

（8）按 Ctrl＋A 组合键将 Alpha 3 通道中的图像全选，再按 Ctrl＋C 组合键进行复制。

（9）单击 RGB 复合通道，返回"图层"面板，然后按 Ctrl＋V 组合键进行粘贴。

（10）选择工具箱中的渐变工具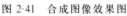，设置样式为"色谱""线性渐变"、模式为"颜色"，如图 2-46 所示。渐变后的文字效果如图 2-47 所示。

（11）执行"文件"→"打开"命令，打开 bg.jpg 文件。使用裁剪工具 去除图像左下角的文字。

图 2-44　通道计算后的效果　　　图 2-45　变为互补色后的效果

图 2-46　渐变工具选项栏

（12）打开"素材 1.jpg"文件。执行"选择"→"在快速蒙版模式下编辑"命令，或者单击工具箱中的"以快速蒙版模式编辑"按钮▣，进入快速蒙版编辑状态。按 D 键设置前景色和背景色为默认的黑色与白色，使用画笔工具🖌在图像中的人物部分涂抹，效果如图 2-48 所示。

图 2-47　文字特效效果图　　　　图 2-48　在快速蒙版模式下用画笔工具涂抹人物的效果图

（13）单击工具箱中的"以标准模式编辑"按钮▣，回到标准模式编辑状态，得到选区。执行"选择"→"反选"命令，再执行"选择"→"修改"→"羽化"命令，设置羽化半径为20 像素（羽化半径可根据上一步的操作情况而定，若上一步涂抹人物图像的边缘多，则羽化半径也要相应增加），然后执行"选择"→"修改"→"收缩"命令，设置收缩量为 10 像素。再使用工具箱中的移动工具✛将选区中的内容移动至 bg.jpg 图像。按 Ctrl＋T 组合键调整人物的方向、位置和大小,结果如图 2-49 所示。

图 2-49　将选取内容复制到背景图中的效果图

【提示】如果以上图像中有残留的黑色伞柄,则可以使用套索工具选中需要删除的伞柄,然后执行"编辑"→"填充"命令或按 Shift＋F5 组合键调出"填充"对话框,在打开的对话框中的"内容"选项中选择"内容识别"选项,然后单击"确定"按钮即可将残留的伞柄删除。从图像中删除多余部分的方法有很多,还可以使用仿制图章工具、画笔工具、画笔修复工具等实现。

(14) 打开"素材 2.jpg"文件,进入快速蒙版编辑状态,使用黑色画笔工具在图像中的人物部分涂抹。

(15) 单击工具箱中的"以标准模式编辑"按钮 ,回到标准模式编辑状态,执行"选择"→"反选"命令。

(16) 切换到"通道"面板,单击面板下方的"创建新通道"按钮 ,新建一个 Alpha 1 通道,如图 2-50 所示。

(17) 选择渐变工具 ,用黑白渐变进行径向填充,如图 2-51 所示。

图 2-50　Alpha 1 通道

图 2-51　黑白渐变填充选区

（18）按住 Ctrl 键，单击 Alpha 1 通道缩略图，将选区载入。单击 RGB 复合通道，回到图像编辑状态。按 Ctrl＋C 组合键复制选区内的图像。在 bg.jpg 图像中按 Ctrl＋V 组合键将选区的图像粘贴至该文件中。按 Ctrl＋T 组合键调整人物的方向、位置和大小，结果如图 2-52 所示。

图 2-52　图像合成后的效果

（19）在"图层"面板新建一个图层"图层 3"。选中工具箱中的矩形选框工具，在其属性栏中设置样式为"固定大小"，宽度和高度均为 100 像素，然后单击即可绘制一个正方形选区。然后使用椭圆选框工具，模式设为"从选区减去"，样式设为"固定大小"，宽度和高度均为 100 像素，然后将鼠标对准正方形的某个角并单击，再按 Alt 键，则画出了一个以正方形某个角为中心的圆，再以同样的方法画出以正方形其他三个角为中心的圆，效果得到如图 2-53 所示。

（20）执行"选择"→"存储选区"命令，在弹出的对话框中进行如图 2-54 所示的设置，将选区存储，名称为 star。

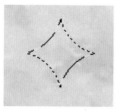

图 2-53　创建星形选区

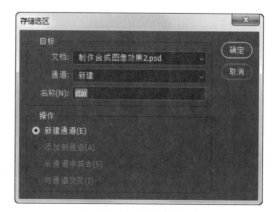

图 2-54　存储选区

（21）设置前景色和背景色分别为淡蓝色和淡紫色，使用渐变工具为选区填充从前景色到背景色的线性渐变。将选区移动至图像右下方。按 Ctrl＋D 组合键取消选区。

（22）执行"选择"→"载入选区"命令，选择载入的通道为 star，为新载入的选区填充相同的渐变色。按 Ctrl＋D 组合键取消选区。

（23）在"图层"面板中选择"图层 3"，单击下方的"添加图层样式"按钮 *fx*，为"图层 3"添加"外发光""斜面和浮雕"效果，得到如图 2-55 所示的效果。

图 2-55　添加星形后的图像合成效果

（24）利用魔棒工具 选中图 2-47 所示的"美丽人生"文字，然后复制、粘贴到图 2-55 所示的文件中，并调整其大小和位置，得到如图 2-41 所示的合成图像最终效果图。

（25）执行"文件"→"存储为"命令，将图像分别以"学号姓名-实验序号.psd"和"学号姓名-实验序号.jpg"为文件名保存，并上传到指定文件夹。

【实验结果和分析】

分析效果图，并将实验中遇到的问题、解决问题的方法以及还需老师讲解的知识点写在实验报告上。

第3章 图层

3.1 知识要点

图层是 Photoshop 图像处理软件最大的特色,所有的图像的编辑操作都是通过图层完成的,是实现绘图与合成的基础。将图层想象为一种透明纸,其中一张放在其余纸张的上面。如果上面的图层上没有图像,用户便可以看到下面图层中的内容,在所有图层之下是背景层。使用图层功能可以将图像的不同组成部分放置在不同的图层,对其中一层的修改只会影响该层,其他图层的内容不变,这使得图像的编辑更具有弹性。

3.1.1 图层基本操作

1. "图层"面板

"图层"面板是用来管理和操作图层的,执行"窗口"→"图层"命令或按 F7 键可打开"图层"面板,如图 3-1 所示。

下面介绍"图层"面板的各个组成部分及其功能。

(1) A:类型下拉菜单,从左至右分别为像素图层滤镜、调整图层滤镜、文字图层滤镜、形状图层滤镜、智能对象滤镜、打开或关闭图层滤镜。

(2) B:单击此处可弹出下拉列表,用来设定图层之间的混合模式。

(3) C:图层锁定选项,从左至右分别为锁定透明像素图、锁定图像像素 ✍、锁定位置 ✛、防止在画板内外自动嵌套 ▣、锁定全部 🔒。

(4) D:指示图层可见性 👁,显示或隐藏当前图层的内容,"眼睛"图标消失表示此图层暂时隐藏。

(5) E:链接图层 🔗,为选中的图层创建链接关系,具有链接关系的图层可以一起移动、变换、复制、删除等。

(6) F:添加图层样式 *fx*,用于快速添加图层样式,单击此图标可在弹出的菜单中选择不同的图层样式,制作特殊效果。

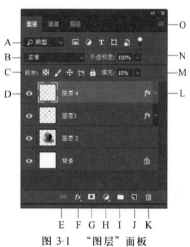

图 3-1 "图层"面板

（7）G：添加图层蒙版 ，用于添加图层蒙版，单击此图标可给当前图层增加图层蒙版。

（8）H：创建新的填充或调整图层 ，为当前图层添加一个调整图层。

（9）I：创建新组 ，单击此图标可创建新的图层组，可以将相似的图层放在同一组下面。

（10）J：创建新图层 ，单击此图标可创建新的图层，如果将面板上的图层拖曳到该图标上，则可以复制该层。

（11）K：删除图层 ，删除当前选中的图层，或将面板上的图层拖曳到该图标上面也可以删除该图层。

（12）L：颜色加深表示此图层是当前操作层。

（13）M：改变图层像素的填充度，单击右侧的小三角将弹出一个三角滑钮，拖动滑钮可调整当前图层的填充百分比，也可直接输入数值。

（14）N：改变图层的不透明度，单击右侧的小三角将弹出一个三角滑钮，拖动滑钮可调整当前图层的不透明度，也可直接输入数值。

（15）O：单击此图标会弹出"图层"面板菜单，可执行系列操作。

2. 常见图层类型

在 Photoshop 处理图像时，"图层"面板中会出现多种类型的图层，常见的图层有背景层、普通层和文字层。

（1）背景层。

背景层是一个比较特殊的层，位于"图层"面板的最下层，"图层"面板中的大部分功能在背景层中都不能应用，需要应用时，必须将其转换为普通图层。

双击背景层，在弹出的"新建图层"对话框中单击"确定"按钮，可以将其转化为普通层。也可以通过执行"图层"→"新建"→"图层背景"命令将背景层转化为普通层。

"背景层"转换为普通层后，名称默认为"图层 0"，转换前在"图层"面板中出现的许多灰色、不能应用的图标，在转换后都可以正常应用了。

（2）普通层。

普通图层是最常见的一种层，用户可以对普通图层进行任何编辑操作，单击"创建新图层"按钮 ，即可创建新的普通层。

（3）文字层。

文字层也是一种比较特殊的层，有许多功能不能直接应用在文字层；如不能使用滤镜处理、不能描边、不能填充渐变色等，只有在将文字层栅格化变成普通层后才能使用。使用工具箱中的文字系列工具 ，在图像区域单击并输入文字，即可创建文字层。

3. 图层的基本操作

在图像处理过程中，经常需要对图层进行创建、删除、复制、链接、合并、改变排列顺序等一系列操作，这些操作可以通过"图层"面板实现，也可以使用"图层"菜单中的命令完成。

（1）创建图层。创建图层的方法有很多，下面介绍比较常见的几种。

方法一：单击"图层"面板中的"创建新图层"按钮 创建新图层，图层名称会自动命名为"图层 1""图层 2"等。

方法二：执行"图层"→"新建"→"图层"命令也可以创建新的图层。

方法三：执行"图层"→"新建"→"通过拷贝的图层"命令或"图层"→"新建"→"通过剪切的图层"命令，可以将选择区域内的图像复制或剪切为新的图层。

（2）删除图层。可以通过下面几种常用的方法删除图层。

方法一：选中要删除的图层，将它直接拖曳到"图层"面板下方的"删除图层"按钮 🗑 上，即可删除该图层。

方法二：选中要删除的图层，再单击"图层"面板右下角的"删除图层"按钮 🗑，即可删除该图层。

方法三：选中要删除的图层，单击"图层"面板右上角的 ☰ 按钮，在弹出的"图层"面板菜单中选择"删除图层"选项。

（3）复制图层。可以通过下面几种常用的方法复制图层。

方法一：右击需要复制的图层，在弹出的快捷菜单中选择"复制图层"选项。

方法二：选中要复制的图层，将它拖曳到"图层"面板下方的"创建新图层"按钮 ⎘ 上即可复制此图层。复制的图层在"图层"面板中会是一个带有"拷贝"字样的新图层。

方法三：选中要复制的图层，单击"图层"面板右上角的 ☰ 按钮，在弹出的"图层"面板菜单中选择"复制图层"选项。

（4）图层的排列顺序。

图像显示的效果和图层的排列顺序密切相关，上层图像的内容会遮盖下层的图像，因此在处理图像时，为了获得最佳的效果，经常需要考虑不同的图层排列顺序。

可以通过下面的方法调整图层顺序。

方法一：选中需要调整顺序的图层，按住鼠标左键不放，将图层拖曳到目标位置后松开鼠标左键。

方法二：选中需要调整顺序的图层，执行"图层"→"排列"命令，在弹出的子菜单中选择一种调整顺序的命令，如图 3-2 所示。

（5）图层的对齐与分布。

如果图层上的图像需要对齐，除了使用参考线进行参照之外，还可以执行"图层"→"对齐"命令，具体操作方法如下。

① 将需要对齐的图层选中或者链接。

② 执行"图层"→"对齐"命令，在其子菜单中选择不同的对齐命令，如图 3-3 所示，其中包括"顶边""垂直居中""底边""左边""水平居中"和"右边"对齐方式。"分布"命令的子菜单中也有类似命令。

图 3-2　调整顺序命令选项

图 3-3　对齐命令选项

③ 此外，最直接的对齐和分布方式是在工具箱中"移到工具" ✛ 的属性栏中进行设定的，以上提示的所有子菜单项目都可通过单击属性栏中的各种对齐和分布按钮实现，

如图 3-4 所示。

图 3-4　移到工具属性栏中的各种对齐按钮

（6）链接与合并图层。

在编辑图像的过程中,有时需要对多个图层上的内容进行统一的旋转、移动、缩放等操作,此时就要将图层链接起来或将它们合并,然后再进行各种处理。

① 链接图层。在"图层"面板中,先选中需要链接的多个图层,然后再单击"图层"面板下方的"链接图层"按钮 ,或者执行"图层"→"链接图层"命令,即可将选择的图层链接起来。链接后的每个图层的右边都会显示链接标志 。

② 合并图层。如果一个文档中含有过多的图层、图层组以及图层样式,则会耗费非常多的内存资源,从而减慢计算机的运行速度。遇到这种情况,可以通过删除无用图层、合并同一个内容的图层等操作减小文档的大小。在"图层"菜单中有 4 种主要的合并图层命令。

- 向下合并：当前选中的图层会向下合并一层。
- 合并图层：如果在"图层"面板中选中或链接两个以上的图层,则原来的"向下合并"命令就变成了"合并图层"命令,或者按 Ctrl＋E 组合键,可以将所有选中或链接的图层合并。
- 合并可见图层：将"图层"面板中所有可见的图层都合并为一个图层,但隐藏的图层不会被合并。
- 拼合图层：将所有可见的图层都合并到背景层,如果有隐藏的图层,则执行"拼合图层"命令后会弹出对话框,提示是否丢弃隐藏的图层。若单击"确定"按钮,则合并后将丢弃隐藏的图层;若单击"取消"按钮,则取消合并操作。

（7）图层组。

图层组就如同一个装有图层的器皿,与文件夹的概念是一样的,可将众多图层进行分类管理,不管图层是否在图层组中,其本身的编辑都不会受到任何影响。

在"图层"面板中单击"新建图层组"按钮 ,或单击"图层"面板右上角的 按钮,在弹出的"图层"面板菜单中选择"新建组"选项或执行"图层"→"新建"→"组"命令,都可以创建一个新图层组。

可在新创建的图层组中创建新图层,也可将原本不在图层组内的图层拖曳到图层组中,或是将原本在图层组中的图层拖曳出图层组。

如果想要删掉图层组,则直接将其拖到"图层"面板下方的 图标处即可,也可在"图层"面板右上角弹出的菜单中选择"删除组"选项。

3.1.2　图层样式

图层样式可以为图层中的图像添加投影、发光、光泽、描边、阴影、斜面和浮雕等效果,以创建出诸如金属、玻璃、水晶等具有立体感的特效。"图层"菜单下的"图层样式"中提供了投影和内阴影、内发光与外发光、斜面与浮雕、光泽、颜色叠加、渐变叠加、图案叠加和描边等不同的效果,在"图层样式"对话框中可以对这些效果进行调整,并且可以随时调用、存储、预览或删除任何一个样式。

选择需要添加图层样式的图层,执行"图层"→"图层样式"子菜单下的命令项,或单击"图层"面板下方的 fx 按钮都可以弹出"图层样式"面板,如图3-5所示,对话框左侧列出了一系列特效名称,每勾选一个效果(名称条以深色显示),对话框右侧就会相应地出现与之相关的参数设置,在一个图层上可以施加多种样式效果。

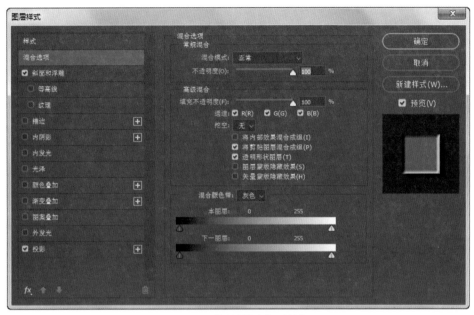

图3-5 "图层样式"对话框

注意:在"图层样式"对话框的众多效果中,虽然可以为一幅图像添加多种样式效果,但一定不要忽视样式的添加顺序。通常情况下,表现图像内部样式的效果(如内阴影、内发光、光泽、颜色叠加、渐变叠加等)具有优先顺序,也就是说,下面的效果有可能被上面添加的效果遮盖而显示不出来。

3.1.3 图层混合模式

图层混合模式是Photoshop的核心功能之一,它决定了像素的混合方式,可用于合成图像、制作选区和特殊效果。

1. 图层混合模式的作用

在"图层"面板中,混合模式用于控制当前图层中的像素与它之下的图层中的像素如何混合。除"背景"图层外,其他图层都支持混合模式。

2. 图层混合模式的设定

在"图层"面板中选择一个图层,单击面板顶部左边的下拉菜单,即可选择一种混合模式,如图3-6所示。混合模式分为6组,共27种,每组混合模式都有着相似的效果。

(1)组合模式组中的混合模式需要降低图层的不透明或填充

图3-6 混合模式

数值才能起作用。

(2)加深模式组中的混合模式可以使图像变暗,当前图层中的白色将被底层较暗的像素代替。

(3)减淡模式组中的混合模式的效果正好与加深模式组相反,可以使图像变亮。

(4)对比模式组中的混合模式可以增强图像的反差。混合时,50%的灰色会完全消失,任何亮度值高于50%灰色的像素会加亮底层的图像,亮度值低于50%灰色的像素则会使底层图像变暗。

(5)比较模式组中的混合模式可以比较当前图像与底层图像,然后将颜色相同的区域显示为黑色,不同的区域将显示为灰度层次或彩色。

(6)色彩模式组中的混合模式会将色彩分为3种成分(色相、饱和度和亮度),然后再将其中的一种或两种应用在混合后的图像中。

3.1.4 图层蒙版

图层蒙版主要用于控制图层中各个区域的显示程度。建立图层蒙版可以将图层中图像的某部分处理成透明和半透明效果,从而产生一种遮盖特效。由于图层蒙版可控制图层区域的显示或隐藏,因此可在不改变图层像素的情况下将多幅图像自然地融合在一起。

1. 创建图层蒙版

图层上的蒙版相当于一个8位灰阶的Alpha通道,可以用来隐藏或合并图像等。蒙版中的纯黑色区域可以遮罩当前图层中的图像,从而显示下方图层中的内容,因此当前图层蒙版中黑色区域内的图像将被隐藏,蒙版中的纯白色区域可以显示当前图层中的图像,蒙版中的灰色区域会根据灰度值呈现出不同层次的透明效果。

(1)直接添加图层蒙版。

图像中的每一个图层都可以添加图层蒙版(背景层除外)。图层蒙版的创建很简单,单击"图层"面板底部的"添加图层蒙版"按钮 fx,就可以在图层上建立一个白色蒙版,使当前层的内容全部显示,相当于执行了"图层"→"图层蒙版"→"显示全部"命令;按住Alt键的同时单击该按钮可以创建一个黑色的图层蒙版,显示的是下方图层的内容,相当于执行了"图层"→"图层蒙版"→"隐藏全部"命令,如图3-7所示。

当创建一个图层蒙版时,它是自动和图层中的图像链接在一起的,在"图层"面板中,图层和蒙版之间有 🔗 链接符号,此时若用移动工具在图像中移动,则图层中的图像和蒙版将同时移动。单击链接符号,符号就会消失,此时可分别选中图层图像和蒙版进行移动。

(2)利用选区添加图层蒙版。

如果当前图层中存在选区,单击"图层"面板上方的"添加图层蒙版"按钮 ▣,则可以基于这个选区为图层添加蒙版,选区外的像素将被蒙版隐藏。

2. 编辑图层蒙版

图层蒙版建立后,该图层上就有两个图像了,一幅是这个图层上的原图,另一幅是蒙版图像。若要编辑蒙版图像,则可单击蒙版缩览图,这时蒙版缩览图上会出现白色边框标志。由于图层蒙版也是一幅图像,因此也可以像编辑图像那样编辑图层蒙版,例如绘画、渐变填充、滤镜等。

3. 启用与停用蒙版

在图层蒙版缩略图上右击,从弹出的快捷菜单中选择"停用图层蒙版"选项,如图3-8

图 3-7 创建图层蒙版

所示,停用蒙版后在缩览图上会出现一个红色的叉,这时蒙版失效,用户也可以按住 Shift 键单击图层蒙版的缩览图。

停用的图层蒙版并没有从图层中删除,执行"启用蒙版"命令或按住 Shift 键单击图层蒙版缩览图又能重新启用图层蒙版了。

4. 创建剪贴蒙版

剪贴蒙版是特殊的图层,利用下层图像的外轮廓形状对上方图层的图像进行剪切,从而控制上方图层的显示区域。

执行"图层"→"创建剪贴蒙版"命令或按 Ctrl＋Alt＋G 组合键即可创建剪贴蒙版。剪贴蒙版可以应用于多个图层,但这些图层必须是不能分开的相邻图层。

执行"图层"→"释放剪贴蒙版"命令或拖曳出剪贴蒙版也可移出释放剪贴蒙版。

在"图层"面板中,剪贴蒙版下方的图层为基底层,只能有一个,它决定了剪贴蒙版的形状,名称下方带有下画线;上面的图层为像素显示层,即"内容"图层,可为多个图层,数量有限,其决定了蒙版的显示内容,它的图层缩略图是缩进的,并有剪贴蒙版标志 ,如图 3-9 所示。

图 3-8 停用图层蒙版

图 3-9 创建剪贴蒙版

3.1.5　填充图层与调整图层

填充图层可以向图像快速添加颜色、图案和渐变像素;而调整图层可以对图像中的图层应用颜色调整操作,同时不会破坏图像的原有像素。

1. 填充图层

填充图层可填充的内容包括"纯色""渐变"和"图案"三种,当设定新的填充图层时,软件会自动随之生成一个图层蒙版。如果当前图像中有一个激活的路径,当生成新的填充图层时,就会同时生成一个图层矢量蒙版(而不是图层蒙版)。另外,填充图层可以设定不同透明度以及不同的图层混合模式,利用这些特性可以使图像产生多种不同的特殊效果。

(1) 纯色填充图层。

执行"图层"→"新建填充图层"→"纯色"命令后会弹出"新建图层"对话框,在对话框中选择要作为填充图层的颜色,然后单击"确定"按钮后会弹出"拾色器"对话框,选择刚才选定的颜色后单击"确定"按钮,在"图层"面板上就会出现新增的填充图层,如图 3-10所示,左边的缩览图显示当前填充的颜色,右边的缩览图表示图层蒙版,用来设定填充图层在图像中的显示内容。

图 3-10　建立"纯色"填充图层后画面和"图层"面板的效果

单击图层蒙版缩览图,然后选择工具箱中的渐变工具██,并设定一种黑白渐变,此时填充图层的颜色会受到蒙版的影响出现淡入淡出的效果,如图 3-11 所示。

(2) 渐变填充图层。

单击"图层"面板上的"创建新填充或调整图层"按钮██,在弹出的菜单中选择"渐变"选项,或者执行"图层"→"新建填充图层"→"渐变"命令,都会弹出"渐变填充"对话框,如图 3-12 所示,可以设定渐变样式、角度、缩放等选项,与渐变功能相似,"图层"面板中也将自动新增渐变填充图层,如图 3-13 所示。

同样,单击图层蒙版缩览图,然后选择工具箱中的渐变工具██,并设定一种黑白渐变,此时渐变填充图层的颜色会受到蒙版的影响出现淡入淡出的效果,如图 3-14所示。

图 3-11 在图层蒙版缩览图中填充黑白渐变后的淡入淡出效果

图 3-12 "渐变填充"对话框

图 3-13 建立"渐变"填充图层后画面和"图层"面板的效果

图 3-14   在图层蒙版缩览图中填充黑白渐变后的淡入淡出效果

(3) 图案填充图层。

单击"图层"面板上的"创建新填充或调整图层"按钮 ，在弹出的菜单中选择"图案"选项，或者执行"图层"→"新建填充图层"→"图案"命令，都会弹出"图案填充"对话框，如图 3-15 所示，在此对话框中选择填充材质，并在缩放栏中设定图案的大小。如果选择"与图层链接"选项，在移动图案图层时图层蒙版也会随之移动。单击"贴紧原点"按钮可以恢复图案位置，设定后单击"确定"按钮，"图层"面板中会自动新增加图案填充图层，如图 3-16所示。

图 3-15   "图案填充"对话框

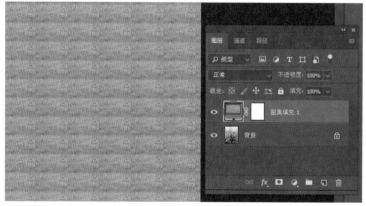

图 3-16   建立"图案"填充图层后画面和"图层"面板的效果

2. 调整图层

调整图层是以调整命令为基础并与图层功能相结合的特殊图层。图像的色彩调整都会有损原图的像素,在反复调整中可以使用历史记录画笔工具涂抹到历史记录,但无论进行何种调整操作,其结果都是不可复原的,几乎没有后悔的余地。

为了使调整中图像的像素不被破坏,又能重复更改,建议使用调整层。调整层是集中了图层、蒙版和图像调整于一体的高级操作,在调整层中可以实现对图像局部、反复、非破坏性的调整,对于不满意的地方可以进入蒙版状态反复修改,因此使图片的调整更具灵活性。

创建调整图层的方法有以下三种,以创建色阶调整图层为例。

(1)执行"图层"→"新建调整图层"→"色阶"命令,在弹出的"新建图层"对话框中单击"确定"按钮即可创建色阶调整图层。

(2)打开"调整"面板,单击"创建新的色阶调整图层"按钮[图标]即可快速创建色阶调整图层。

(3)单击"图层"面板下方的"创建新填充或调整图层"按钮[图标],在弹出的菜单中选择"色阶"选项也可以创建色阶调整图层。

3.2 应用实例

3.2.1 制作招贴画

(1)启动 Photoshop CC 2018,新建 700 像素×300 像素、RGB 颜色模式的文档。

(2)设置前景色为"♯37b039",按 Alt+Delete 组合键给背景层填充前景色。

(3)执行"图层"→"新建"→"图层"命令,新建"图层 1",选择渐变工具[图标],使用"黄色-透明色"进行径向渐变填充,如图 3-17 所示。

图 3-17 绘制矩形选区

(4)单击"图层"面板下端的"创建新图层"按钮[图标],新建"图层 2",使用选框工具[图标]分别绘制几个矩形选区并填充颜色,如图 3-18 所示。

(5)选择移动工具[图标],按住 Alt 键拖动矩形条复制多条矩形,如图 3-19 所示。

(6)单击"图层 2",按住 Shift 键,再单击"图层 2 拷贝 4",将它们全部选中,按 Ctrl+E 组合键合并选中的图层,合并后的图层将以最上面的图层命名。

(7)执行"滤镜"→"扭曲"→"极坐标"命令,参数选择"平面坐标到极坐标"选项。按 Ctrl+T 组合键调整图像效果,如图 3-20 所示。

图 3-18　绘制矩形

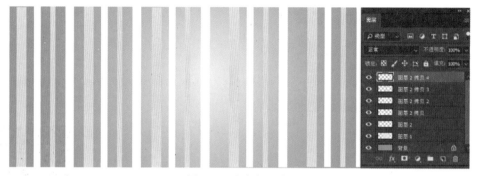

图 3-19　复制矩形条

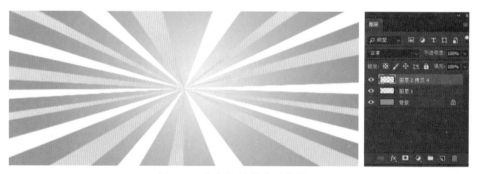

图 3-20　执行滤镜操作后的效果

（8）在"图层"面板中将该层的"不透明度"设置为 50％，"填充"设置为"80％"。

（9）打开素材文件"花.psd"，将其中的"大花""小花""Spring""绿叶"拖入，调整"大花"图层的顺序到最上层。招贴画的最终效果如图 3-21 所示。

图 3-21　招贴画效果

3.2.2 图层样式综合操作实例

（1）启动 Photoshop CC 2018，新建 RGB 颜色模式的文档，用黑色填充背景层。

（2）选中工具箱中的横排文字工具 **T**，在其属性栏中设置字体为 Cooper Black，字号为 138 点，书写白色的 Love 文字，并将文字层的"填充"设置为 0。

（3）单击"图层"面板底部的"添加图层样式"按钮 **fx**，在弹出的菜单中选择"外发光"命令，按图 3-22 所示设置外发光参数。

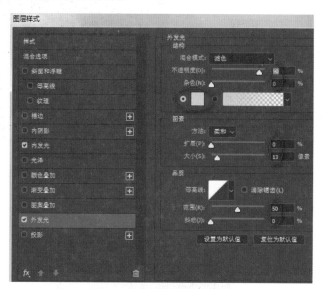

图 3-22　"图层样式"面板

（4）勾选"图层样式"对话框左侧的"内发光"选项，按图 3-23 所示设置参数。

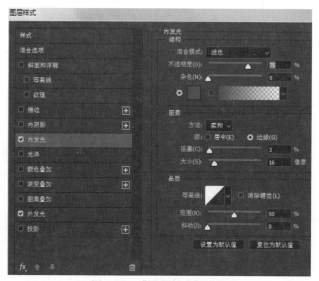

图 3-23　"图层样式"面板

（5）在文字层的面板上右击图层样式 fx 标志，在弹出的快捷菜单中选择"缩放效果"选项，设置缩放参数为98%。

（6）选择多边形工具，按图3-24所示设置选项栏，然后绘制星光形状。

（7）按住Alt键拖动文字层的 fx 标志到星光层，复制图层样式。

（8）再新建几个图层绘制不同大小的星光，按上述方法添加外发光、内发光样式，得到如图3-25所示的文字发光效果。

图 3-24　设置多边形绘制星光

图 3-25　文字发光效果

（9）再新建一个图层，选择自定义形状工具 ，设置工具模式为"像素"，在"形状"选项中选择"蝴蝶"选项，如图3-26所示，绘制蝴蝶形状。

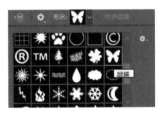

图 3-26　设置自定义形状工具中"形状"为"蝴蝶"

（10）单击"图层"面板底部的"添加图层样式"按钮 fx ，在弹出的菜单中选择"渐变叠加"选项，然后单击"渐变"按钮，打开"渐变编辑器"对话框，按图3-27所示设置渐变叠加参数。

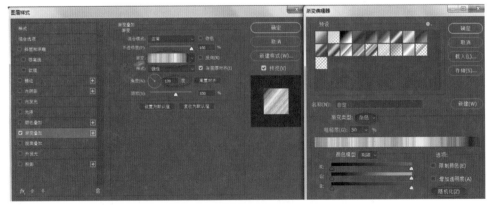

图 3-27　"图层样式"面板和"渐变编辑器"对话框

（11）继续设置"投影""外发光"图层样式,得到如图 3-28 所示的效果。

（12）按 Ctrl＋Alt＋Shift＋E 组合键盖印图层,得到一个新图层,效果如图 3-29 所示。

图 3-28　渐变叠加图像效果

图 3-29　盖印图层效果

（13）在"图层"面板上将盖印图层缩览图拖曳至面板下方的"创建新图层"按钮 🔲,复制盖印图层,将"盖印层拷贝"设为隐藏。

（14）将盖印层用白色填充,执行"滤镜"→"渲染"→"云彩"命令和"滤镜库"→"纹理"→"马赛克拼贴"命令,制作如图 3-30 所示的底纹效果。此过程为衬托层的制作,可随意创作。

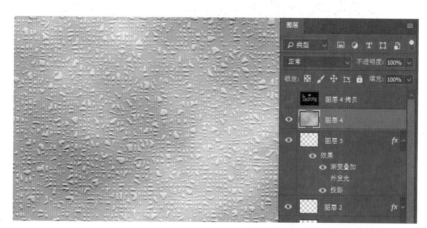

图 3-30　制作底纹效果

（15）显示"盖印层拷贝",即图 3-30 所示的"图层 4 拷贝",以该层为当前操作层,按 Ctrl＋T 组合键把图像缩小。

（16）单击"图层"面板底部的"添加图层样式"按钮 fx,在弹出的菜单中选择"描边"选项,设置描边颜色为白色,大小为 8 像素,如图 3-31 所示。

（17）执行"滤镜"→"扭曲"→"切变"命令,打开对话框进行设置,如图 3-32 所示。

（18）单击"图层"面板底部的"添加图层样式"按钮 fx,在弹出的菜单中选择"投影"选项,参数使用默认值。在图层缩览图旁的 fx 图标上右击,在弹出的快捷菜单中选择"创建图层"选项,如图 3-33 所示。将图层样式和图像拆分成 3 个图层。

（19）将如图 3-33 所示的"图层 4 拷贝的内描边"图层和"图层 4 拷贝"图层合并。

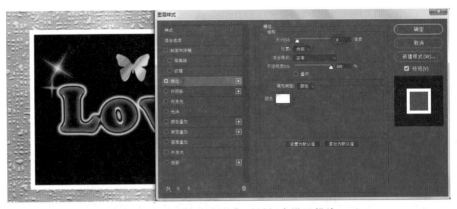

图 3-31　在"图层样式"对话框中设置描边

图 3-32　滤镜"切变"操作

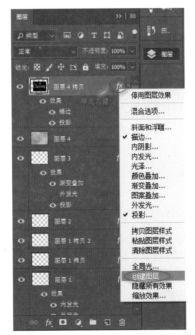

图 3-33　将图层样式拆成 3 个图层

（20）单击"图层4拷贝的投影"图层，使其变为当前工作层，按 Ctrl＋T 组合键调出自由变换控制框并右击，在快捷菜单中选择"水平翻转"选项。适当调整阴影的位置，最终卷角的效果就出来了，如图 3-34 所示。

图 3-34　页面卷角效果

实验 3　图层的操作

【实验目的】

（1）了解图层的创建及基本功能。

（2）了解图层蒙版的概念，利用图层蒙版控制图像的合成效果。

（3）掌握图层的基本操作。

（4）利用图层的排列顺序、图层样式、图层蒙版等制作图像特殊效果。

（5）了解常用的图层混合模式原理并能控制图层之间的融合效果。

【实验环境】

（1）网络环境。

（2）多媒体计算机和 Photoshop。

【实验内容】

图层及蒙版等的综合应用，完成如图 3-35 所示的效果图。

附：在完成以上实验内容的基础上，大家可发挥各自的创意以使效果更好。

【实验步骤】

（1）启动 Adobe Photoshop CC 2018，打开图 3-36 中"图 3-36a.jpg"和"图 3-36b.jpg"文件，将后者拖入第一个图像文档中形成"图层 1"。然后执行"文件"→"存储为"命令，将文件存储为"图层的操作.psd"。

（2）单击"添加图层蒙版"按钮创建图层蒙版，选择渐变工具，设置前景色为白色，背景色为黑色，在蒙版中设置黑白线性渐变，如图 3-37 所示。选择合适的画笔，分别

图 3-35　效果图

图3-36a.jpg　　　　　　　　　　　　　　图3-36b.jpg

图 3-36　素材图

用白色和黑色在蒙版的适当位置涂抹,得到如图 3-38 所示的效果。

图 3-37　添加图层蒙版

（3）利用套索工具、磁性套索工具、钢笔工具、蒙版、通道中的一种选取"照片原图
.jpg"中的人物,执行"图层"→"新建"→"通过拷贝的图层"命令或按 Ctrl＋J 组合键将选
取的人物复制到新层,系统自动命名为"图层 2"。按 Ctrl＋T 组合键调整"图层 2"至合适

图 3-38　添加图层蒙版后的效果

大小后，移至"图层 1"中船所在处的适当位置。

（4）单击"图层 2"缩略图前的眼睛图标 ⊙，将"图层 2"隐藏。以"图层 1"为当前工作层，使用套索工具 ⊘ 将船前部边缘套选出来，如图 3-39 所示。

图 3-39　用套索工具选择船前部的选区

（5）按 Ctrl+J 组合键将选取的图像复制到新层，系统自动命名为"图层 3"。单击"图层 2"缩略图前的眼睛图标 ⊙，显示"图层 2"。将"图层 3"向"图层 2"上方拖动，调换两层的上下次序，从而达到把人物的脚放进船内的效果，如图 3-40 所示。

【提示】调整图层的排列顺序还可以用 Ctrl+］组合键前移一层，用 Ctrl+［组合键后移一层。

（6）利用魔术棒工具 ✦ 选取"飞机.jpg"中的飞机，按 Ctrl+J 组合键将选取的飞机复制到新层，系统自动命名为"图层 4"。然后调整飞机的大小并移至适当位置。

（7）执行"文件"→"打开"命令，打开 p1.jpg、p2.jpg、p3.jpg、p4.jpg 4 个图像文件，使用移动工具 ✦ 将图像分别移至以上存储的"图层的操作.psd"文件窗口内，并调整图像到适当大小。

（8）分别给 4 个对应图层添加图层样式：投影效果（距离为 8）；描边效果（大小为 5 像素、白色、位置为"内部"）。

【提示】给某个图层添加图层样式，其他图层通过复制样式实现。复制、粘贴图层样式的快捷方式为按住 Alt 键将要复制的图层样式图标 fx 直接拖入目标图层中。

图 3-40　复制到新图层"图层 3"并调整图层顺序

（9）调整 4 张图片的位置，然后为照片所在的 4 个图层建立链接并选中这 4 个链接的图层，合并选中的 4 个图层（按 Ctrl＋E 组合键），处理后的效果如图 3-41 所示。

图 3-41　添加校园风光照片后的效果图

（10）在工具箱中选择直排文字输入工具 **IT**，输入直排文字"美丽校园"，大小为 60 点，字体为华文楷体。

（11）执行"窗口"→"样式"命令，在"样式"窗口调板中追加"文字效果 2"样式，选择其中的"双重绿色黏液"效果，如图 3-42 所示。

（12）在"图层"面板中双击"美丽校园"文字层右边的"图层样式图标" **fx** 按钮，打开"图层样式"对话框，选择"描边"选项，双击"渐变颜色"下拉列表，将渐变颜色设为色谱，得到如图 3-35 所示的最终效果。

（13）按 Ctrl＋Alt＋Shift＋E 组合键盖印可见图层。

注意：盖印图层实现的效果就是把图层合并在一起生成一个新的图层，和合并图层所不同的是，盖印图层是生成新的图层，而被合并的图层依然存在，不发生变化。这样做

图 3-42　追加"文字效果 2"样式并选择"双重绿色黏液"效果

的好处是不会破坏原有图层,如果对盖印图层不满意,则可以随时删除。

(14) 执行"文件"→"存储为"命令,将图像分别以"学号姓名-实验序号.psd"和"学号姓名-实验序号.jpg"为文件名保存,并上传到指定文件夹。

【实验结果和分析】

分析效果图,并将实验中遇到的问题、解决问题的方法以及还需老师讲解的知识点写在实验报告上。

第4章 图像色彩与色调的调整

4.1 知识要点

在图像设计中,色彩与色调都会影响图像的视觉效果。图像的调整主要分为两个方面:其一是色调的调整,可以丰富图像的层次;其二是色彩的调整,可以改变或替换图像的颜色。Photoshop 提供了丰富的色彩与色调调整工具,只有熟悉并用好这些工具才能制作出高品质的图像。

4.1.1 图像色彩与色调的基础知识

客观世界的色彩千变万化,但任何色彩都有色相、明度、纯度这 3 个属性,又称色彩的三要素。当色彩间发生作用时,各种色彩之间会形成色调,并显示出自己的特性,因此构成了色彩的五个要素:色相是指色彩的相貌,即色彩种类的名称;明度是指色彩的明暗程度,即某一色彩的深浅差别;纯度是指色彩的纯净程度,又称饱和度,某一纯净色加上白色或黑色,可以降低其纯度或趋于沉重;色调是指色彩外观的基本倾向,即各种图像色彩模式下图形原色的明暗度;色性是指色彩的冷暖倾向。

1. 颜色取样器工具

使用颜色取样器工具 ▨ 可以在图像上放置取样点,每个取样点的颜色"信息"都会显示在信息面板中。通过设置取样点,可以在调整图像的过程中观察到颜色值的变化情况。选择颜色取样器工具 ▨,在图像的取样位置单击即可建立取样点。如果要删除某个取样点,可按住 Alt 键单击该取样点;若要删除所有颜色取样点,可单击颜色取样器工具 ▨ 选项栏上的"清除全部"按钮。

2. "信息"面板

使用颜色取样器工具 ▨ 单击图像取样点可打开"信息"面板,或者执行"窗口"→"信息"命令也可打开"信息"面板。通过"信息"面板可以快速、准确地查看光标所处位置的坐标、颜色信息、选区大小、文档大小等,如图 4-1 所示。

3. "直方图"面板

Photoshop 利用直方图显示图像中明暗像素的分布情况。执行"窗口"→"直方图"命令可以打开"直方图"面板。直方图的横轴代表像素的亮度等级,也称色阶,从左到右为

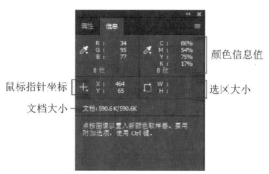

鼠标指针坐标

文档大小

颜色信息值

选区大小

图 4-1　"信息"面板

从暗色值(0)到亮色值(255)之间的 256 个亮度等级；纵轴代表各色阶的像素总数量，即图像中同亮度等级(色阶)下的像素总数。利用直方图可以查看整幅图像的色调分布情况，从而可以有效地控制图像的色调。如果曲线偏左分布，则图像属于暗调；如果曲线偏右分布，则图像属于高调图像；而平均色调的图像细节集中在中间调(直方图中间)，曲线居中，呈正态分布。

4.1.2　图像色调的调整

图像的清晰程度是由图像的层次决定的，图像色调反映了图像的层次。色调的调整主要是指对图像明暗度的调整，包括设置图像的高光和暗调、调整中间色调等。

1. 图像的基本调整命令

"图像"菜单中提供了几个调整图像色彩和色调的最基本命令，即"自动色调""自动对比度"和"自动颜色"，这些命令可以自动调整图像的色调或色彩。

(1)"自动色调"命令。

执行"图像"→"自动色调"命令可以自动、快速地扩展图像的色调范围，使图像最暗的像素变黑(色阶为 0)、最亮的像素变白(色阶为 255)，并在黑白之间的范围扩展中间色调，按比例重新分配各像素之间的色调值，因此可能会影响色彩平衡。

(2)"自动对比度"命令。

执行"图像"→"自动对比度"命令可以自动增强图像的对比度，使用此命令可以将图像中最亮和最暗的像素映射为白色(色阶为 255)和黑色(色阶为 0)，即高光部分更亮、阴影部分更暗。此命令不调整颜色通道，所以不会引入或消除色偏。对于明显发灰、缺乏对比度的照片而言，使用该命令的效果较好。

(3)"自动颜色"命令。

执行"图像"→"自动颜色"命令可以快速校正图像的颜色。

(4)"亮度/对比度"命令。

当遇到色调灰暗或者层次不明的图像时，可以使用"亮度/对比度"命令调整图像的明暗关系。该命令能粗略地调整图像的亮度与对比度，调整图像中的所有像素(包括高光、暗调和中间调)，但对单个通道不起作用，所以不能进行精细调整。

2. 色阶

"色阶"命令是一个功能非常强大的颜色与色调调整工具,使用"色阶"命令可以调整图像的阴影、中间调和高光强度级别,并校正图像的色调范围和色彩平衡。"色阶"命令主要调整图像的亮度、暗度及反差比例,如果觉得图片太暗、太亮或者对比不够明显,都可以考虑用"色阶"命令调整。按 Ctrl+L 组合键或执行"图像"→"调整"→"色阶"命令,弹出如图 4-2 所示的"色阶"对话框,调整色阶的方法如下。

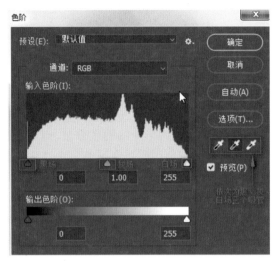

图 4-2　"色阶"对话框

(1) 输入色阶滑块及对应的文本框。

该区域包括 3 个滑块,从左到右依次为黑色、灰色和白色滑块。左侧的黑色三角滑块控制图像的暗调,中间的灰色三角滑块控制图像的中间调,最右侧的白色三角滑块控制图像中的高光。与这 3 个滑块相对应的 3 个文本框可以显示当前对滑块所做的调整,用户也可以直接在文本框中输入数值。

左边输入框中的数值可以改变图像暗部的色调,取值为 0～255,其工作原理是把图像中亮度值小于该数值的所有像素都变成黑色。

中间输入框中的数值可以改变图像的中间色调,小于该数值的中间色调变暗,大于该数值的中间色调变亮。

右边输入框中的数值可以改变图像亮部的色调,取值为 0～255,其工作原理是把图像中亮度值大于该数值的所有像素都变成白色。

(2) 输出色阶滑块及对应的文本框。

该区域包括输出的黑白渐变条、黑场/白场滑块及与之相对应的文本框。在"输出色阶"文本框中输入数值可以重新定义暗调和高光。

(3) 设置黑场、灰场、白场吸管。

在"色阶"对话框的右下侧有 3 个吸管工具,它们的作用分别是创建新的暗调、中间调、高光。选取某个滴管后,移动鼠标指针到图像上,鼠标指针会变成吸管形状,单击图像中的某个像素点,系统会以这个点的像素为样本创建一个新的色调值。

选择黑色吸管在图像上单击,该点被设置为黑场,亮度值为 0(黑色),图像中其他像素的亮度值相应减少,图像整体变暗。

选择白色吸管在图像上单击,该点被设置为白场,亮度值为 255(白色),图像中其他像素的亮度值相应增加,图像整体变亮。

选择灰色吸管在图像上单击,该点被指定为中灰点,可以改变图像的色彩分布。

在调节过程中,如果用户对效果不满意,希望回到图像的初始状态重新调节,则可以按 Alt 键,这时"取消"按钮会变成"复位"按钮,单击即可恢复到调节前的状态。

3. 曲线

"曲线"命令和"色阶"命令的作用相似,但其功能更强,它不仅可以调整图像的亮度,还可以调整图像的对比度和色彩。使用"曲线"命令调整色调虽不如使用"色阶"命令那样可以直观、准确地设置黑、白场,但"曲线"命令的优势在于可以多点控制,可以在照片中实现特定区域的精确调整。执行"图像"→"调整"→"曲线"命令或者按 Ctrl+M 组合键将弹出"曲线"对话框,横坐标表示输入色阶,纵坐标表示输出色阶;网格中的对角线为 RGB 通道的色调值曲线,也称色阶曲线;左下角是暗调,右上角是调节高光,改变图中的色阶曲线形态就可以改变当前图像的亮度分布,如图 4-3 所示。背景网格默认按照直方图的 1/4 高度及宽度创建网格,按住 Alt 键的同时在曲线图内单击,则变成按照直方图的 1/10 高度及宽度创建网格,这样便于进行比较精确的曲线调整。

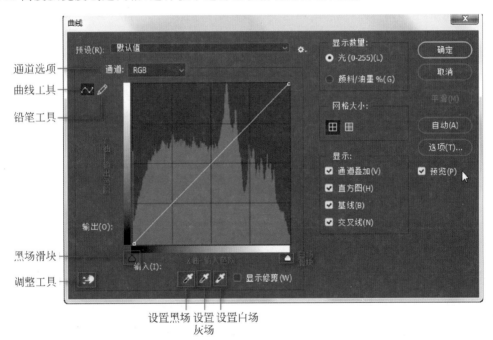

图 4-3 "曲线"对话框

4. 特殊色调的调整方法

(1) 反相。

"反相"命令在"图像"→"调整"菜单项中,使用它可以把图像选择区域中的所有像素的颜色变成它们的互补色,例如白色与黑色为互补色、红色与青色为互补色、洋红色与绿色为互补色等。

（2）阈值。

"阈值"命令在"图像"→"调整"菜单项中，使用它可以把图像变成只有白色和黑色两种色调的黑白图像，甚至没有灰度；使用"阈值"命令还可以指定某个色阶作为阈值，所有比阈值色阶亮的像素会被转换为白色，所有比阈值暗的像素会被转换为黑色，因此可制作具有特殊艺术效果的黑白图像。

（3）色调分离。

"色调分离"命令在"图像"→"调整"菜单项中，它的作用与"阈值"命令类似，不过它可以指定转变的色阶数，而不像"阈值"命令那样只能将图像变成黑、白两种颜色。

4.1.3 图像色彩的调整

只有在对色调校正完成之后才可以准确地测定图像中色彩的色偏、不饱和与过饱和的颜色，从而进行色彩的调整。在 Photoshop 中，大多数色彩调整命令都在"图像"→"调整"菜单项中。图像的色彩调整主要是调整图像的色彩平衡、亮度与对比度、色相与饱和度等。

1. 色相/饱和度

图像中的色彩由色相、饱和度和亮度组成，执行"图像"→"调整"→"色相/饱和度"命令或按 Ctrl＋U 组合键可以对三个组成部分进行调整，如图 4-4 所示。

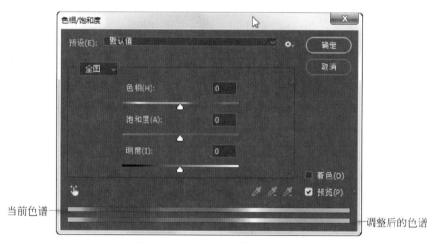

图 4-4　"色相/饱和度"对话框

（1）"全图"选项。用于调整图像中所有的颜色，该选项还包括"红色""黄色""绿色""青色""蓝色""洋红"等其他几种颜色选项，可以从中选择一种颜色单独进行调整。

（2）色相。用于调整图像的色彩，取值范围为－180～180。

（3）饱和度。用于调整图像的饱和度，取值范围为－100～100，取值为正值。增加图像的饱和度，取值为负值；降低图像的饱和度，如果取值为－100，则图像将失去色彩，变为灰度图像。

（4）明度。调整图像的亮度。

（5）着色。可以将图像调整成单色调效果。

2. 色彩平衡

"色彩平衡"命令可以在图像原有色彩的基础上根据需要增加或减少其他颜色,以改变图像的色彩。它作用于图像的复合颜色通道,不能对单个颜色通道进行调整,因此只适用于简单、粗略的色彩调整,如图 4-5 所示。

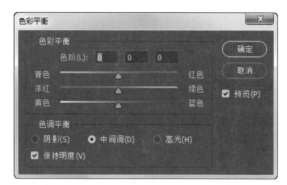

图 4-5　"色彩平衡"对话框

3. 替换颜色

"替换颜色"命令可以把图像中的某种颜色用指定的颜色替换,执行"图像"→"调整"→"替换颜色"命令即可打开"替换颜色"对话框,如图 4-6 所示。

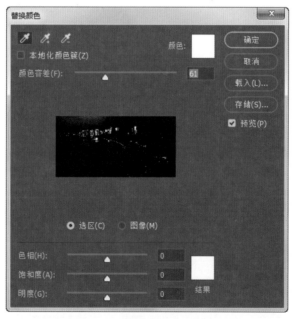

图 4-6　"替换颜色"对话框

4. 去色与黑白

"去色"命令可以将彩色图像中的颜色去除,从而转化为灰度图像。但在转化过程中并不改变图像的颜色模式。对一幅彩色图像执行"图像"→"调整"→"去色"命令或按 Ctrl＋Shift＋U 组合键即可得到灰色图像效果。执行"去色"命令相当于把图像的色彩饱和度降到最低。

执行"图像"→"调整"→"黑白"命令即可打开"黑白"对话框。执行"黑白"命令除了可以将彩色图像转换为灰色图像外,还可以为灰色图像添加单色调。例如,对如图4-7所示的彩色照片在"黑白"对话框中进行设置(如图4-8所示),勾选"色调"复选框,可以改变单色调的色相和饱和度,最终调整为如图4-9所示的单色调图像效果。

图 4-7　原图

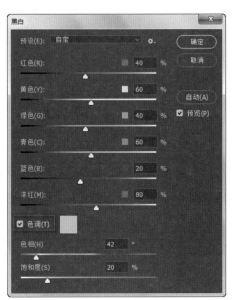

图 4-8　"黑白"对话框

图 4-9　单色调图像

5. 可选颜色

执行"图像"→"调整"→"可选颜色"命令即可打开"可选颜色"对话框。"可选颜色"命令用于调整单个颜色分量的印刷数量,是针对 CMYK 模式的图像颜色的调整,所以颜色参数为青色、洋红、黄色与黑色。当选择的颜色中包含颜色参数中的某些颜色时,增加或减少参数时就会发生较大的改变。"可选颜色"命令同样可以对 RGB 色彩模式的图像进行分通道校色,有选择性地对图像中的某一色调进行色彩平衡调节。

6. 照片滤镜

专业的摄影师为了营造特殊的色彩氛围,在拍摄时会在镜头前加装有色的滤光镜,

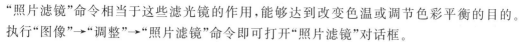

"照片滤镜"命令相当于这些滤光镜的作用,能够达到改变色温或调节色彩平衡的目的。执行"图像"→"调整"→"照片滤镜"命令即可打开"照片滤镜"对话框。

7. 匹配颜色

使用"匹配颜色"命令可以将源图像的颜色与目标图像的颜色进行匹配,也可以在同一图像中对不同图层之间的颜色进行匹配。执行"图像"→"调整"→"匹配颜色"命令即可打开"匹配颜色"对话框。

4.2 应用实例

4.2.1 风光照片的色彩修整

(1)启动 Photoshop CC 2018,打开"图 4-10.jpg"素材图像,执行"窗口"→"直方图"命令,如图 4-10 所示,该照片的直方图的暗场与亮场信息缺失,呈现对比不足的问题。

(2)执行"图像"→"自动色调"命令或按 Ctrl+Shift+L 组合键。

(3)执行"图像"→"自动颜色"命令或按 Ctrl+Shift+B 组合键。

(4)调整后的直方图如图 4-11 所示,暗场向左移动得到恢复,亮场损失部分信息。

图 4-10 原图

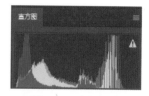

图 4-11 暗场正常

(5)执行"图像"→"调整"→"色阶"命令或按 Ctrl+L 组合键打开"色阶"对话框,将亮场滑块、灰场滑块向左移动,如图 4-12 所示。

(6)调整后的直方图显示信息的动态分布涵盖了亮场与暗场,高光区有部分细节缺失,如图 4-13 所示。

(7)执行"图像"→"调整"→"色相/饱和度"命令或按 Ctrl+U 组合键打开"色相/饱和度"对话框,拖动调整工具,在图像中的树上按住鼠标左键向右拖动,增大黄色的饱和度,在天空中按住鼠标左键向右拖,增大蓝色的饱和度,如图 4-14 所示。

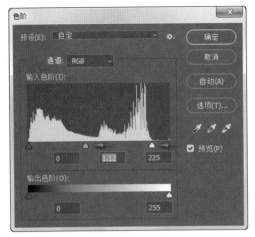

图 4-12　"色阶"对话框

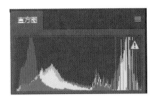

图 4-13　正态分布的信息

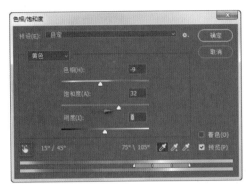

图 4-14　"色相/饱和度"对话框

（8）执行"滤镜"→"锐化"→"USM 锐化"命令，经过调整后的照片效果如图 4-15 所示。

图 4-15　修饰后的图片效果

4.2.2 人像照片的后期润饰

（1）启动 Photoshop CC 2018，打开如图 4-16 所示的素材图像。

图 4-16 原图

（2）选中工具箱中的套索工具 ，在工具选项栏中设置羽化值为 25，将右上角的树枝选出。

（3）执行"图像"→"调整"→"色相/饱和度"命令或按 Ctrl＋U 组合键打开"色相/饱和度"对话框，激活拖动调整工具 ，在树叶上单击后移动"色相"滑块或直接输入数值，然后调整饱和度，将树叶转换成红色，具体参数设置如图 4-17 所示。

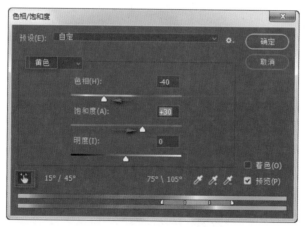

图 4-17 "色相/饱和度"对话框

（4）再次按 Ctrl＋U 组合键打开"色相/饱和度"对话框，对部分没有变色的叶子进行调整，这里设置色相为－18、饱和度为 28，效果如图 4-18 所示。

（5）取消选择后，执行"图像"→"调整"→"曲线"命令或按 Ctrl＋M 组合键打开"曲线"对话框，分别对 RGB、绿通道、蓝通道进行调整，将背景颜色提亮，并增加绿和蓝的颜色比例，如图 4-19 所示。

图 4-18 应用"色相/饱和度"后的效果

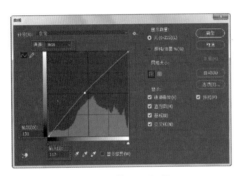

(a) 调整"曲线"RGB通道

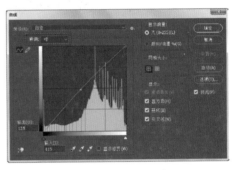

(b) 调整"曲线"绿通道

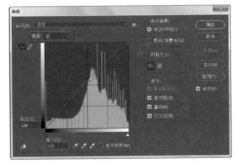

(c) 调整"曲线"蓝通道

图 4-19

(6) 选择历史记录画笔工具 ，在"历史记录"面板中将"设置历史记录画笔的源"放在"色相/饱和度"上，并在选项栏中设置不透明度为 40%，在人物和树叶处涂抹。

(7) 选择磁性套索工具 ，在工具选项栏中设置羽化值为 20，将人物的嘴唇选出。按 Ctrl＋U 组合键打开"色相/饱和度"对话框，按图 4-20 所示移动"色相"和"饱和度"滑块，提高红色的饱和度。

(8) 选择套索工具 ，设置羽化值为 15，将人物的脸颊选出。按 Ctrl＋U 组合键打开"色相/饱和度"对话框，按图 4-21 所示移动"色相"和"饱和度"滑块，增加腮红。

图 4-20 通过"色相/饱和度"调整嘴唇的颜色

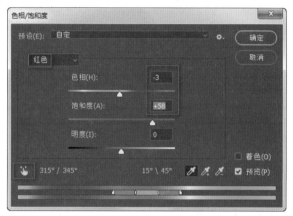

图 4-21 通过"色相/饱和度"增加腮红

（9）取消选择后，执行"滤镜"→"模糊"→"动感模糊"命令，设置参数如图 4-22 所示。

（10）选择历史记录画笔工具 ，在"历史记录"面板中将"设置历史记录画笔的源"放在"色相/饱和度"上，如图 4-23 所示，在工具选项栏中设置透明度后将人物、树枝及树叶擦除。

图 4-22 "动感模糊"对话框   图 4-23 "历史记录"面板

（11）执行"滤镜"→"锐化"→"智能锐化"命令，弹出"智能锐化"对话框，如图 4-24 所示。

图 4-24　"智能锐化"对话框

（12）调整参数，得到如图 4-25 所示的效果。

图 4-25　最终效果

实验 4　图像色彩与色调的调整

【实验目的】

（1）了解图像的各种色彩模式及其工作原理。

（2）掌握常用的色相及饱和度的调节方法，纠正色偏。

（3）熟悉各种常用的颜色调整命令。

（4）掌握颜色调整命令的实际应用。

【实验环境】

（1）网络环境。

（2）多媒体计算机＋Photoshop。

【实验内容】

参照图 4-26 所示的效果图完成以下操作。

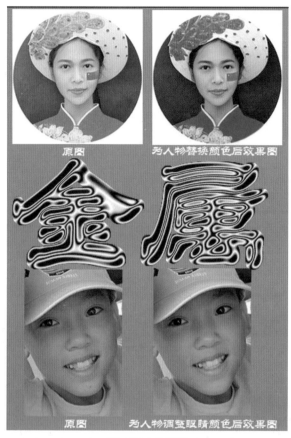

图 4-26 效果图

（1）为图 4-26 中的人物替换颜色，制作如图 4-27 所示的效果。

　　　　（a）原图　　　　　　　　　　　（b）效果图

图　4-27

（2）为图 4-27 中的人物调整眼睛的颜色，制作如图 4-28 所示的效果。

多媒体应用技术实战教程(微课版)

(a) 原图   (b) 效果图

图 4-28

（3）利用曲线制作金属光泽效果，如图 4-29 所示。

（4）新建一个文档，将以上图片合并，最终效果如图 4-26 所示，最后保存文件。

【实验步骤】

1. 为人物替换颜色的参考步骤

（1）打开原始图片"4-27 原图.jpg"。执行"窗口"→"图层"命令或按住 F7 键打开"图层"面板。在"图层"面板中，选择"背景"图层，并将"背景"图层拖曳到"新建图层"按钮 中，生成"背景 拷贝"图层。此时"图层"面板如图 4-30 所示。

图 4-29 金属光泽最终效果   图 4-30 图层面板

（2）选择工具箱中的磁性套索工具 ，工具属性栏设置"添加到选区" 。沿着帽子边沿仔细选择帽子部分。选中帽子后的选区如图 4-31 所示（提示：当磁性套索工具遇到无法选取的区域时，可以使用其他套索工具选取，其他套索工具选项也设置为"添加到选区"）。执行"选择"→"修改"→"羽化"命令，设置选区羽化半径为 2 像素。

（3）执行"图像"→"调整"→"色相/饱和度"命令，设置"色相/饱和度"如图 4-32 所示，然后单击"确定"按钮。

78

图 4-31　选中帽子后的选区

图 4-32　"色相/饱和度"对话框

（4）执行"图像"→"调整"→"色阶"命令，设置"色阶"，如图 4-33 所示，然后单击"确定"按钮。此时帽子的颜色如图 4-34 所示。按 Ctrl＋D 组合键取消选区选择。

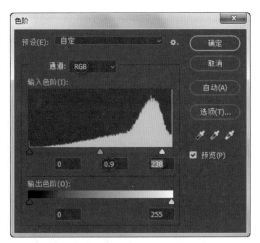

图 4-33　"色阶"对话框

图 4-34　帽子颜色调整后的效果图

（5）选择工具箱中的磁性套索工具，工具属性栏设置"添加到选区"。沿着衣服边沿仔细选择衣服部分。选中衣服后选区如图 4-35 所示。执行"选择"→"修改"→"羽化"命令，设置选区羽化半径为 2 像素。

（6）执行"图像"→"调整"→"色相/饱和度"命令，在"色相/饱和度"对话框中勾选"着色"复选框，设置"色相"值为 278，"饱和度"值为 35，然后单击"确定"按钮。

（7）执行"图像"→"调整"→"色阶"命令，自动调整色阶，然后单击"确定"按钮。此时衣服的颜色如图 4-36 所示。按 Ctrl＋D 组合键取消选区选择。

图 4-35 选中衣服后的选区 　　　　图 4-36 衣服颜色调整后的效果图

(8) 执行"图像"→"调整"→"曲线"命令,设置"曲线"对话框中的输入、输出值分别为144 和 117。然后单击"确定"按钮,最终效果如图 4-27 所示。

2. 为图中人物调整眼睛颜色的参考步骤

(1) 打开原始图片"4-28 原图.jpg"。执行"窗口"→"图层"命令或按住 F7 键打开"图层"面板。在"图层"面板中,选择"背景"图层,并将"背景"图层拖曳到"新建图层"按钮中,生成"背景 拷贝"图层。

(2) 执行"图像"→"调整"→"色阶"命令,自动调整色阶。

(3) 按 Z 键或选择工具箱中的缩放工具,在人物眼睛部位单击并拖曳鼠标,放大选定范围,如图 4-37 所示。

(4) 选择工具箱中的磁性套索工具,工具属性栏设置"添加到选区"。仔细选中人物眼珠部分。选中眼珠后的选区如图 4-38 所示。执行"选择"→"修改"→"羽化"命令,设置选区羽化半径为 2 像素。

图 4-37 放大人物眼睛部位 　　　　图 4-38 选中眼珠后的选区

(5) 按 Ctrl+J 组合键或执行"图层"→"新建"→"通过拷贝的图层"命令,新建一个"图层 1"。此时"图层"面板如图 4-39 所示。

(6) 选中"图层 1",执行"图像"→"调整"→"色彩平衡"命令,设置"色彩平衡"如图 4-40 所示,然后单击"确定"按钮。此时眼睛如图 4-41 所示。

图 4-39 "图层"面板

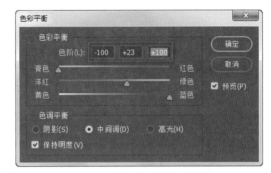

图 4-40 "色彩平衡"对话框

（7）执行"图像"→"调整"→"色阶"命令，设置"色阶"如图 4-42 所示，然后单击"确定"按钮。此时眼睛如图 4-43 所示

图 4-41 执行"色彩平衡"后的眼睛效果图

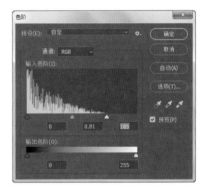

图 4-42 "色阶"对话框

图 4-43 执行"色阶"后的眼睛效果图

（8）按 Ctrl＋＋组合键，放大人物的眼睛。按 E 键或选择工具箱中的橡皮擦工具 ，设置选项栏属性如图 4-44 所示。

图 4-44 橡皮擦工具选项栏

（9）确认"图层 1"为当前工作图层，使用橡皮擦工具在人物的眼睛与睫毛的交接处

进行适当擦除,多次擦除直到满意为止。此时眼睛的效果如图 4-45 所示。

(10) 按 Ctrl＋－组合键恢复图像大小。选中"图层 1",设置其混合模式为"柔光",如图 4-46 所示,最终效果如图 4-28 所示。

图 4-45　擦除后的眼睛效果图

图 4-46　"图层"面板

3. 利用曲线制作金属光泽效果的参考步骤

(1) 按 Ctrl＋N 组合键新建图像文件,并在"背景"层填充♯d16540 颜色。

(2) 执行"窗口"→"通道"命令或单击 <img> 按钮打开"通道"面板,新建 Alpha 1 通道。

(3) 选择文字工具 <img>,设置其属性如图 4-47 所示,然后输入"金属"两个字,如图 4-48 所示。

图 4-47　文字工具属性栏

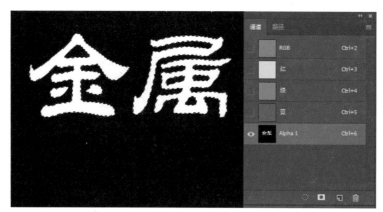

图 4-48　在通道中输入文字

(4) 单击"通道"面板下方的 <img> 按钮,将选区存储为通道,得到 Alpha 2 通道。

(5) 按 Ctrl＋D 组合键取消 Alpha 1 通道的选区,执行"滤镜"→"模糊"→"高斯模糊"命令,在弹出的对话框中设置模糊半径为 4 像素。

(6) 设置"浮雕"选项,执行"滤镜"→"风格化"→"浮雕效果"命令,在弹出的对话框中设置如图 4-49 所示的参数。

（7）单击"RGB 复合通道"按钮，返回"图层"面板，新建"图层 1"。

（8）设置"应用图像"选项。执行"图像"→"应用图像"命令，如图 4-50 所示，设置通道为 Alpha 1，混合为"正片叠底"。

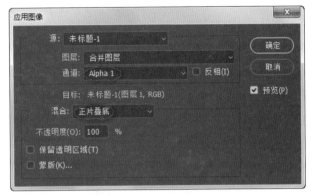

图 4-49　"浮雕效果"对话框　　　　　　　　图 4-50　"应用图像"对话框

（9）在按住 Ctrl 键的同时单击"通道"面板中的 Alpha 2，将选区载入。

（10）扩展选区。执行"选择"→"修改"→"扩展"命令，将选区扩展 6 像素。

（11）设置色阶。按 Ctrl＋L 组合键打开"色阶"面板，将"输出色阶"的白场值设置为 199。"色阶"面板如图 4-51 所示。

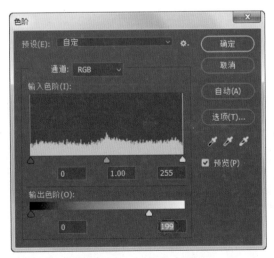

图 4-51　"色阶"面板

（12）调节曲线。按 Ctrl＋M 组合键打开"曲线"面板，使用铅笔工具 ✐ 在曲线调整框中绘制如图 4-52 所示的曲线。为了使曲线平滑，可在绘制后单击 ∿ 按钮，回到节点编辑方式进行调整。调节曲线后,文字出现了金属光泽效果,如图 4-53 所示。

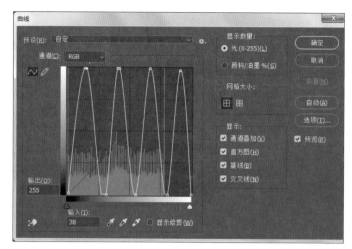

图 4-52 "曲线"面板

图 4-53 金属光泽效果

(13) 在通道中调节曲线。在"曲线"面板中选择"蓝"通道,将曲线调节成如图 4-54 所示的形状。降低蓝色,增加黄色。曲线调节完成后,单击"确定"按钮,文字出现金黄色光泽效果,如图 4-55 所示。

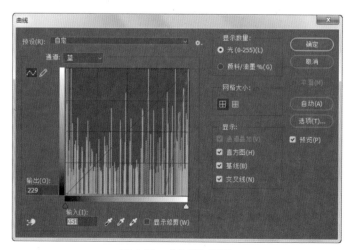

图 4-54 "曲线"面板

图 4-55   金属光泽效果

（14）执行"选择"→"反选"命令或按 Ctrl＋Shift＋I 组合键反选选区，然后按 Delete 键删除"图层 1"中的灰色背景。最终的文字效果如图 4-29 所示。

（15）新建一个文档，将以上图片合并，最终效果如图 4-26 所示。

（16）执行"文件"→"存储为"命令，将图像分别以"学号姓名-实验序号.psd"和"学号姓名-实验序号.jpg"为文件名保存，并上交到指定文件夹。

【实验结果和分析】

分析效果图，并将实验中遇到的问题、解决问题的方法以及还需老师讲解的知识点写在实验报告上。

第5章 滤 镜

5.1 知识要点

滤镜是 Photoshop 的特色之一,利用 Photoshop 中的滤镜功能可以在顷刻之间完成许多令人眼花缭乱的艺术效果。在 Photoshop 中,滤镜分为内置滤镜和外挂滤镜两个大类,内置滤镜是包含在 Photoshop 安装程序中的滤镜特效;外挂滤镜由第三方厂商开发,以插件形式安装到 Photoshop 的 Plug-ins 子目录中,再次打开 Photoshop 应用程序就可以在"滤镜"菜单中找到。

内置滤镜共有 100 多种,每个滤镜的功能虽然各不相同,但在使用方法上却有许多相似之处,且由于大部分滤镜效果都比较直观,因此易于操作和观察效果,因此请大家在学习过程中打开一张 RGB 模式图像,将所有滤镜功能依次练习一遍,从不同图像效果中体会滤镜特效,了解和掌握这些方法对提高滤镜的使用效率很有帮助。

5.1.1 滤镜基础知识

如果要使用滤镜,只要从"滤镜"菜单中选择相应的子菜单命令即可,如图 5-1 所示。滤镜只能应用于当前可视图层,且可以反复应用及连续应用,但一次只能应用在一个图层上。上次使用的滤镜将出现在"滤镜"菜单的顶部,可以通过执行此命令对图像再次应用上次使用的滤镜效果。有些滤镜完全在内存中处理,所以内存的容量对滤镜的生成速度影响很大。有些滤镜很复杂或要应用滤镜的图像尺寸很大,执行时需要很长时间,在运行滤镜前可以先执行"编辑"菜单→"清理"→"全部"命令释放内存。如果想结束正在生成的滤镜效果,只需要按 Esc 键即可。

1. 预览和应用滤镜

选择"滤镜"选项后,弹出"滤镜"对话框并进行参数设置,若希望恢复之前的参数,则按住 Alt 键,"取消"按钮会变为"复位"按钮,单击即可将参数重置为调节前的

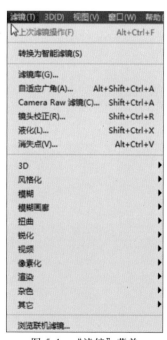

图 5-1 "滤镜"菜单

效果。应用于大尺寸图像的滤镜非常耗时,有些滤镜允许在应用之前预览效果,以调整最终参数。勾选"预览"复选框,可在"图像"窗口中预览滤镜效果。一般的"滤镜"对话框都有预览框,从中也可以预览滤镜效果,拖动鼠标可移动预览图像,查看不同位置的图像效果,或移动光标至"图像"窗口,光标变为矩形框形状,单击即可在"滤镜"对话框的预览框中显示该处图像的滤镜效果。

2. 使用滤镜库

滤镜库可以将用户常用的滤镜组拼嵌到一个调板中,以折叠菜单的方式显示,可同时添加多个滤镜,也可直接观看每个滤镜的预览效果,十分方便。执行"滤镜"→"滤镜库"命令,弹出"滤镜库"对话框,如图 5-2 所示。对话框中部是滤镜列表,单击所需滤镜即可在左边的"预览效果图"中浏览各个滤镜的效果。确定后,单击"新建效果图层"按钮,再选择一个滤镜效果,此时两个滤镜会同时应用到图像中,并出现在右下角的"滤镜效果"列表中。可以添加多个滤镜。若需更改滤镜或参数,只需在"滤镜效果"列表单击所需滤镜,然后在"滤镜参数"设置区设置参数,或直接选择不同的滤镜,观看最终效果。在列表中将一个滤镜拖曳到另一个滤镜的上方或下方即可改变滤镜效果的应用顺序。

图 5-2 滤镜库

5.1.2 内置滤镜

1. 自适应广角滤镜

"自适应广角"滤镜可以对由于广角镜头拍摄而造成变形的图像进行修正,广角镜头能够夸大实物的变形效果,有利于塑造现场感,但是容易造成对象变形。执行"滤镜"→"自适应广角"命令可以达到修饰变形的作用。

2. 镜头校正滤镜

该滤镜可针对各种相机与镜头的测量进行校正,可轻松地消除桶形失真、枕形失真、晕影和色层等变形,还可修复透视错误图像。执行"滤镜"→"镜头校正"命令可以达到修饰校正的作用。

3. 变形性滤镜

(1) **液化滤镜**。

使用"液化"滤镜可以对图像的任何区域进行类似液化效果的变形,如推、拉、旋转、扭曲和收缩等,变形的程度可以随意控制。经常用于人物的胖瘦、脸型等的调整,效果比较自然。执行"滤镜"→"液化"命令,弹出"液化"对话框,对话框左侧的工具箱提供了多种变形工具,可以在对话框的右侧设置不同的画笔参数,然后应用变形工具在中间预览区域进行绘制,如果一直按住鼠标或在一个区域多次绘制,则可强化变形效果。

(2) **扭曲滤镜**。

"扭曲"滤镜用于为图像设置几何变形、创建 3D 或其他夸张的效果,可以为图像制作像素扭曲错位的效果。请注意,这些滤镜可能会占用大量内存。其中"海洋波纹""玻璃""扩散亮光"3 项功能在"滤镜"→"滤镜库"菜单打开的对话框中。

❖ 波浪。该滤镜可以产生一种波纹传递的效果,其可控制参数包括波浪生成器中的"数目""波长""波浪高度"和"波浪类型"。可自由调整其参数以达到满意的效果。单击对话框中的"随机化"按钮可使波浪纹路随机分布。

❖ 波纹与海洋波纹。该滤镜可以在选区上创建波状起伏的图案,就像水池表面的波纹。而"海洋波纹"则将随机分隔的波纹添加到图像表面,使图像看上去像是在水中。

❖ 玻璃。该滤镜可以使图像看起来像是透过不同类型的玻璃观看的。

❖ 极坐标。该滤镜可以使图像在直角坐标系和极坐标系之间进行转换。

❖ 挤压。该滤镜可以使图像的中心产生凸起或凹陷的效果,当数量的数值为正值时,图像向里凹陷;当数值为负值时,图像向外凸起。

❖ 扩散亮光。该滤镜可以使图像产生一种光芒漫射的效果,像是透过一个柔和的扩散滤镜观看的。

❖ 切变。该滤镜可以沿一条曲线扭曲图像。在"切变"对话框的左上部有一个变形框,可以通过修改框中的线条指定变形曲线,可以在直线上单击鼠标设置控制点,然后拖移调整曲线上的任何一点,图像会随着曲线的形状发生变形。

❖ 球面化。该滤镜可以将选区内的图像制作出凹陷或凸起的球面效果,使对象具有3D 立体感。

❖ 水波。该滤镜可以将图像中的颜色像素按同心环状由中心向外排布,效果如同荡起阵阵涟漪的湖面。

❖ 旋转扭曲。该滤镜可以使图像发生旋转式的大幅度变形,中心的旋转程度比边缘的旋转程度大。指定角度时可生成旋转扭曲图案。

❖ 置换。该滤镜的使用比较特殊,它需要与另一幅被称为置换图的图像配合使用,并且该置换图必须是以 psd 格式存储的。在"置换"滤镜的使用过程中,置换图中的形状会以图像的变形效果表现出来。

（3）**消失点滤镜**。

消失点滤镜可以在透视的角度下编辑图像,允许在包含透视平面的图像中进行透视校正编辑,通过使用消失点滤镜修饰、添加或移去图像中包含透视的内容,结果将更加逼真。

4. 校正性滤镜

（1）**模糊滤镜**。

模糊滤镜主要是削弱相邻像素的对比度,使图像中过于清晰或对比度过于强烈的区域产生模糊的效果。可以柔化选区或整个图像、消除杂色、掩盖缺陷或创造特殊效果,是所有滤镜中使用最广泛的滤镜。

- ❖ 表面模糊。该滤镜可以在保留边缘的同时模糊图像,主要用于创建特殊效果以及去除杂点和颗粒,模糊后图像像素更加平滑,有艺术照片的感觉。
- ❖ 动感模糊。该滤镜可以对图像沿特定的方向以特定强度（距离为 1～999）进行模糊,产生类似于以固定曝光时间给运动对象拍照的效果。
- ❖ 方框模糊。该滤镜可以基于相邻像素的平均颜色值模糊图像,可以调整用于计算给定像素的平均值的区域大小。
- ❖ 高斯模糊。该滤镜可以利用钟形高斯曲线有选择性地快速模糊图像,即中间高、两端很低,应用非常广泛,可以模糊图像和修饰图像,当图像杂点较多时,该滤镜可以去除杂点,使图像更平滑。通过调节对话框中的"半径"参数控制模糊程度,调节范围为 0.1～250 像素。
- ❖ 进一步模糊。该滤镜没有任何控制选项,其效果都是消除图像中有明显颜色变化处的杂色,使图像看起来更朦胧,只是在模糊程度上有一定的差别,其作用结果都不是十分明显。
- ❖ 径向模糊。该滤镜可以移动或旋转相机所产生的模糊,将图像围绕指定圆心沿半径方向或圆环线方向产生模糊效果。
- ❖ 镜头模糊。该滤镜可以向图像中添加模糊以产生明显的景深效果,以使图像中的一些对象清晰,如同相机的拍摄效果,使另一些区域变模糊,类似于在相机焦距外拍照的效果。
- ❖ 平均。该滤镜可以查找图像或选区的平均颜色,再用该颜色填充图像或选区,以创建平滑的外观。
- ❖ 特殊模糊。该滤镜在模糊的同时可以保护图像中颜色边缘的清晰,只在色差小于阈值的颜色区域内进行模糊操作。
- ❖ 形状模糊。该滤镜使用指定的图形作为模糊中心。

（2）**锐化滤镜**。

锐化滤镜可以通过增加相邻像素的对比度聚焦模糊的图像,以提高图像清晰度。

- ❖ USM 锐化。该滤镜的作用是对图像的细微层次进行清晰度强调,它采用照相制版中的虚光蒙版原理,通过加大图像中相邻像素之间的颜色反差提高图像整体的清晰效果。
- ❖ 进一步锐化。该滤镜的作用力度比锐化滤镜稍微大一些。
- ❖ 锐化。该滤镜可使图像的局部反差增大,以提高图像的清晰度。

❖ 锐化边缘。该滤镜可自动辨别图像的颜色边缘,以提高颜色边缘的反差。

❖ 智能锐化。该滤镜具有 USM 锐化滤镜所没有的锐化控制功能。

（3）杂色滤镜。

杂色滤镜的主要作用是在图像中加入或去除噪点,可以通过此滤镜修复图像中的一些缺陷,如扫描图像时带来的一些灰尘或原稿上的划痕等,也可用这些滤镜生成一些特殊的底纹。

5. 纹理化与光效滤镜

（1）像素化滤镜。

像素化滤镜的作用是将图像以其他形状的元素再现出来,它并非真正地改变了图像像素点的形状,而是在图像中表现出某种基础形状的特征,以形成一些类似像素化的形状变化。

❖ 彩块化。该滤镜可以使纯色或相近颜色的像素结块,使图像看起来像手绘的水粉作品,一般用于制作手绘效果和抽象派风格等艺术图像。

❖ 彩色半调。该滤镜可以产生一种彩色半调印刷(加网印刷)图像的放大效果,即将图像中的所有颜色用黄、品红、青、黑四色网点的相互叠加进行再现,可以设置网点的最大半径以及 4 个分色色版的网角等参数。这种效果很能表现时尚的潮流感,现在很流行。

❖ 点状化。该滤镜可以将图像中的颜色分解为随机分布的网点,如同点彩派绘画一样,并使用背景色作为网点之间的画布颜色。

❖ 晶格化。该滤镜可以使像素结块,形成单色填充的多边形。

❖ 马赛克。该滤镜可以使相邻的像素结为方形颜色块,是一种较常用的图像处理方法,可以调节单元方格的大小。

❖ 碎片。该滤镜可以创建选区中像素的 4 个副本,将它们平均分配并使其相互偏移,使图像产生模糊不清的错位效果。

❖ 铜板雕刻。该滤镜可以使图像转换为黑白区域的随机图案或彩色图像中具有完全饱和颜色的随机图案,使画面形成以点、线或边构成的雕刻版画效果。

（2）渲染滤镜。

渲染滤镜可以在图像中创建云彩图案、模拟灯光、太阳光等效果,还可以结合通道创建各种纹理贴图。

❖ 分层云彩。该滤镜可以将工具箱中的前景色与背景色混合,形成云彩的纹理,并和底图以差值的方式合成。

❖ 光照效果。该滤镜可以模拟光源照射在图像上的效果。

❖ 镜头光晕。该滤镜可以产生透镜接收光照时形成的光斑,通常用几个相关联的光圈模拟日光的效果。在对话框中可以设置光照的亮度和选择镜头类型,还可以在预视区内用鼠标指定光斑的光晕中心。

❖ 纤维。该滤镜可以使用前景色和背景色创建编织纤维的外观。

❖ 云彩。该滤镜可以通过工具箱的前景色和背景色之间的变化随机生成柔和的云纹图案。

（3）纹理化滤镜。

纹理化滤镜位于滤镜库，可以通过添加纹理表现图像的深度感和材质感，经常用于制作 3ds Max 的材质贴图。

- ❖ 龟裂缝。该滤镜可以使图像生成网状的龟裂缝效果。
- ❖ 颗粒。该滤镜可以设置多种颗粒纹理效果并添加杂点。
- ❖ 马赛克拼图。该滤镜可以将图像用马赛克碎片拼接起来。
- ❖ 拼缀图。该滤镜可以形成矩形瓷砖的表面纹理。
- ❖ 染色玻璃。该滤镜可以镶嵌彩色的玻璃效果。
- ❖ 纹理化。该滤镜可以将选择或创建的纹理应用于图像。

6. 模拟绘画及自然效果滤镜

执行"滤镜"→"滤镜库"命令，其中有"风格化""画笔描边""素描""艺术效果"等滤镜，可以通过模拟绘画时的不同技法及材质得到各种天然或传统的艺术效果。

（1）风格化滤镜。

- ❖ 查找边缘。该滤镜可以用相对于白色背景的黑色线条勾勒图像的边缘，这对生成图像周围的边界非常有用。
- ❖ 等高线。该滤镜可以查找主要亮度区域的转换并为每个颜色通道淡淡地勾勒主要亮度区域的转换，以获得与等高线图中的线条类似的效果。
- ❖ 风。该滤镜可以在图像中创建细小的水平线条以模拟风的效果。
- ❖ 浮雕效果。该滤镜可以使图像产生凸起或凹下的效果，仿佛是一种浅浅的浮雕。
- ❖ 扩散。该滤镜可以根据选中的扩散选项搅乱选区中的像素，使选区显得聚焦不准确，以产生磨砂玻璃的效果。
- ❖ 拼贴。该滤镜可以将图像分解为一系列拼贴图案，使选区偏移原来的位置。
- ❖ 曝光过度。该滤镜可以混合负片和正片图像，类似于在显影过程中将摄影照片短暂曝光。
- ❖ 凸出。该滤镜可以赋予选区或图层 3D 纹理效果，将图像分成一系列大小相同但随机重复放置的立方体或锥体。
- ❖ 照亮边缘。该滤镜可以标识颜色的边缘，并向其添加类似霓虹灯的光亮。

（2）画笔描边滤镜。

- ❖ 成角的线条。该滤镜使用不同的画笔和油墨进行描绘，产生各种不同的绘画笔触效果，此滤镜仅在 RGB 和灰度模式中可以使用，在 CMYK 模式和 Lab 模式中不能使用。
- ❖ 墨水轮廓。该滤镜可以以钢笔画的风格用纤细的线条在原细节上重绘图像。
- ❖ 喷溅。该滤镜可以模拟喷溅的效果，增加选项可简化总体效果。
- ❖ 喷色描边。该滤镜可以使用图像的主导色，用成角、喷溅的颜色线条重新绘制图像。
- ❖ 强化的边缘。该滤镜可以强化图像边缘。当设置高的边缘亮度控制值时，强化类似白色粉笔；当设置低的边缘亮度控制值时，强化类似黑色油墨。
- ❖ 深色线条。该滤镜可以用短的、绷紧的线条绘制图像中接近黑色的暗区；用长的、白色线条绘制图像中的亮区。

❖ 烟灰墨。该滤镜可以以日本画的风格绘制图像,看起来像是用蘸满黑色油墨的湿画笔在宣纸上绘画。这种效果可以使柔化模糊边缘变得非常黑。

❖ 阴影线。该滤镜可以保留原图像的细节和特征,同时使用模拟的铅笔阴影线添加纹理,并使图像中彩色区域的边缘变粗糙。

（3）**素描滤镜**。

该滤镜可以将纹理添加到图像中,大多数效果需要工具箱中的前景色和背景色配合使用。

❖ 半调图案。该滤镜可以在保持连续的色调范围的同时模拟半调网屏的效果。

❖ 便条纸。该滤镜可以创建如同用手工制作的纸张构建的图像,以前景色和背景色形成纸张和图形的颜色,并自动加上纸张纹理效果。

❖ 粉笔和炭笔。该滤镜可以重绘图像的高光和中间色调,其背景为用粗糙粉笔绘制的纯中间色调。

❖ 铬黄渐变。该滤镜可以将图像处理成类似擦亮的铬黄金属表面的效果。

❖ 绘画笔。该滤镜可以使用细的、线状的油墨描边获取原图像中的细节,多用于对扫描图像进行描边。

❖ 基底凸现。该滤镜可以变换图像,使之呈浅浮雕的雕刻效果,以突出光照下变化各异的表面。

❖ 石膏效果。该滤镜可以塑造类似石膏效果的图像,使用前景色与背景色为图像着色,暗区凸起,亮区凹陷。

❖ 水彩画纸。该滤镜可以利用有污点、像画在潮湿的纤维纸上的涂抹效果使颜色流动并混合。

❖ 撕边。该滤镜对于由文字或高对比度对象组成的图像尤其有用。此滤镜可以重建图像,使之呈现粗糙、撕破的纸片状,然后使用前景色与背景色给图像着色。

❖ 炭笔。该滤镜可以重绘图像,产生色调分离、涂抹的效果。

❖ 炭精笔。该滤镜可以模拟图像上浓黑和纯白的炭精笔的纹理。

❖ 图章。该滤镜用于黑白图像时效果最佳。此滤镜可以简化图像,使之呈现用橡皮或木制图章盖印的效果。

❖ 网状。该滤镜可以模拟胶片乳胶的可控收缩和扭曲以创建图像,使之在暗调区域呈现结块状,在高光区呈现轻微颗粒化。

❖ 影印。该滤镜可以模拟影印图像的效果,保留图像边缘,中间色调要么纯黑色,要么纯白色。

（4）**艺术效果滤镜**。

❖ 壁画。该滤镜可以使用短而圆、粗略轻涂的小块颜料,以一种粗糙的风格绘制图像。

❖ 彩色铅笔。该滤镜可以使用铅笔在纯色背景上绘制图像。

❖ 粗糙蜡笔。该滤镜可以使图像看上去好像是用彩色蜡笔在带纹理的背景上描过边。

❖ 底纹效果。该滤镜可以在带纹理的背景上绘制图像,然后将最终图像绘制在该图像上。

❖ 干画笔。该滤镜可以使用干画笔技术绘制图像边缘。

❖ 海报边缘。该滤镜可以根据设置的海报化选项减少图像中的颜色数量。

❖ 海绵。该滤镜可以使用颜色对比强烈、纹理较重的区域创建图像,使图像看上去好像是用海绵绘制的。

❖ 绘画涂抹。该滤镜可以模仿油画中的铲刀效果,把色彩堆积以造成小范围的模糊。

❖ 胶片颗粒。该滤镜可以通过设置其强光区域程度产生强光效果,将平滑图案应用于图像的阴影色调和中间色调。

❖ 木刻。该滤镜可以将图像描绘成类似由粗糙剪下的彩色纸片组成的效果,高对比度的图像看起来呈剪影状,而彩色图像看上去是由几层彩色纸组成的。

❖ 霓虹灯光。该滤镜可以将各种类型的发光添加到图像中的对象上。

❖ 水彩。该滤镜以水彩的风格绘制图像,可以简化图像细节,呈现出使用蘸了水和颜色的中等画笔绘画的效果。

❖ 塑料包装。该滤镜可以给图像涂上一层发光的塑料,以强调表面细节,模拟现实中被薄膜包装起来的效果。

❖ 调色刀。该滤镜如同美术创作中使用刮刀在调色板上混合颜料,然后直接在画布上涂抹。

❖ 涂抹棒。该滤镜可以使用短线条描边涂抹图像的暗调区域以柔化图像。

5.1.3　外挂滤镜

Photoshop 滤镜插件又称外挂滤镜,是由第三方厂商为 Photoshop 开发的滤镜,不但种类繁多、功能齐全,而且在不断升级和更新。用户通过安装滤镜插件能够使 Photoshop 获得更有针对性的功能。

5.2　应用实例

5.2.1　制作条形码

(1)启动 Photoshop CC 2018,执行“文件”→“新建”命令或者按 Ctrl＋N 组合键打开“新建”对话框,输入图像的名称为“条形码”,然后把图像的宽度设置为 250 像素,高度设置为 150 像素,图像模式设置为“RGB 颜色”,其他为默认设置,完成后单击“确定”按钮,如图 5-3 所示。

(2)执行“滤镜”→“杂色”“添加杂色”命令,打开“添加杂色”对话框,设置数量为400％,分布为“平均分布”,勾选“单色”复选框,完成后单击“确定”按钮,这样就可以为图像添加杂点底纹了,如图 5-4 所示。

【提示】“添加杂色”命令可以产生随机分布的杂点纹理,利用这种特点可以通过形变处理把它转换成随机间隔的条形码效果。

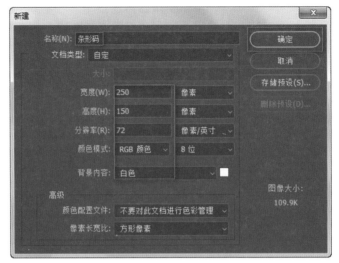

图 5-3 "新建"对话框

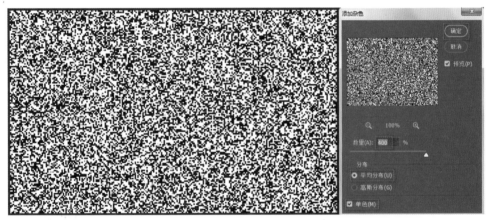

图 5-4 "添加杂色"对话框及添加杂点后的效果

（3）执行"滤镜"→"模糊"→"动感模糊"命令，打开"动感模糊"对话框，设置角度为90，距离为999，完成后单击"确定"按钮，效果如图 5-5 所示。

【提示】杂点滤镜配合动感模糊滤镜能产生疏密不均的平行线条，这个技巧会经常用到。

（4）执行"图像"→"调整"→"色阶"命令或者按 Ctrl+L 组合键，打开"色阶"对话框，设置输入色阶的参数为 20、0.50、168，完成后单击"确定"按钮，效果如图 5-6 所示。

【提示】对竖条纹理进行色阶处理，使黑白条纹明显分隔。

（5）再次执行"色阶"命令，将输入色阶的参数设置为 10、0.55、234，完成后单击"确定"按钮，效果如图 5-7 所示。

【提示】为了使效果更加明显，在原来的基础上再执行一次"色阶"命令，使用"色阶"命令可以有效实现图像的色域分离，这是一个很好的例子。

（6）选择矩形选框工具，然后在图像中单击并拖动，制作一个矩形选区，选取所需

图 5-5　"动感模糊"对话框及添加动感模糊后的效果

图 5-6　"色阶"对话框及调整色阶后的效果

图 5-7　"色阶"对话框及再次调整色阶后的效果

要的范围。执行"选择"→"反选"命令或者按 Shift＋Ctrl＋I 组合键,将刚刚建立的选区反选,然后按 Delete 键删除不需要的图像,随后执行"选择"→"取消选择"命令或者按 Ctrl＋D 组合键,取消选区。完成后的效果如图 5-8 所示。

(7) 再次使用工具箱中的矩形选框工具,在图像中选择需要给文字预留挖空的区域,然后按 Delete 键将相应的区域删除。随后执行"选择"→"取消选择"命令或者按 Ctrl＋D

组合键取消选区,效果如图 5-9 所示。

图 5-8　处理纹理外形后的效果

图 5-9　清除选区后的效果

　　(8) 选择工具箱中的横排文字工具T,或者按 T 键,然后可以在文字工具选项栏中根据实际需要设置文字的字体和大小,随后在图像上的合适位置单击以添加文字,完成后按 Ctrl+Enter 组合键结束文字编辑状态,得到如图 5-10 所示的效果。

图 5-11　素材图片

图 5-10　条形码纹理最终效果

5.2.2　照片的装裱

　　(1) 启动 Photoshop CC 2018,打开如图 5-11 所示的素材图片,复制"背景"图层得到"图层 1"。

　　(2) 选择"图层 1"为当前层,然后右击,将图层转换为智能对象。

　　(3) 执行"滤镜"→"模糊"→"高斯模糊"命令,设置半径为 10 像素。

　　(4) 用黑色画笔在滤镜蒙版中的人物身上涂抹,形成背景虚化效果,如图 5-12 所示。

　　(5) 按 Ctrl+Alt+Shift+E 组合键盖印图层,得到"图层 2"。执行"滤镜"→"锐化"→"USM 锐化"命令,设置数量为 180,半径为 1.0 像素,阈值为 1 色阶。

　　【提示】参数可根据需要做适当调整。

图 5-12 应用"高斯模糊"智能滤镜

（6）选择渐变工具 ，设置前景色和背景色为默认的黑色和白色，在工具选项栏中单击"对称渐变"按钮 。选择"背景"层，按住 Shift 键从画布中间向右下角拖动鼠标，对"背景"层做对称渐变。然后为背景层添加"色阶"调整层，并向右移动黑场输出色阶滑块，也可以直接设置输出色阶值，比如设为 148。

（7）隐藏"图层 1"，然后选择"图层 2"，按 Ctrl＋T 组合键对图像进行变换，缩小图像。

（8）按住 Ctrl 键在"图层"面板中单击"创建新图层"按钮 ，在"图层 2"下方新建"图层 3"。

（9）按住 Ctrl 键单击"图层 2"缩略图，载入选区填充黑色，制作投影区。

（10）按 Ctrl＋D 取消选择，然后执行"滤镜"→"扭曲"→"球面化"命令，设置参数如图 5-13 所示。

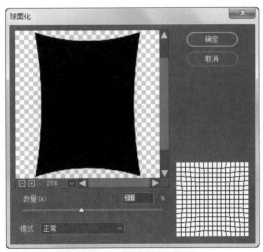

图 5-13 "球面化"对话框

（11）选择"图层3"，执行"滤镜"→"模糊"→"高斯模糊"命令，设置半径为8像素。然后单击"图层"面板底部的"添加图层蒙版"按钮 ◙ 即可添加图层蒙版，再用黑色画笔在蒙版中修改投影形状，如图5-14所示。

图5-14　照片投影层

（12）选择"图层2"为当前层，单击"图层"面板下方的"添加图层样式"按钮 fx，添加"描边"图层样式，设置参数如图5-15所示。

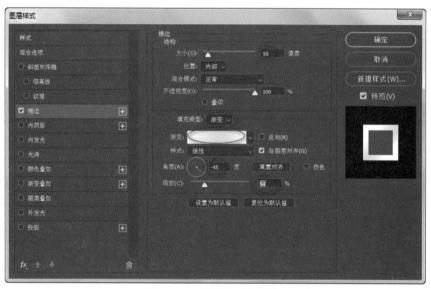

图5-15　"描边"图层样式

（13）按住Ctrl键单击"图层2"缩略图，载入"图层2"选区，然后打开"通道"面板，单击"将选区存储为通道"按钮 ◙，得到Alpha 1通道。按Ctrl+D取消选择，然后对Alpha 1通道执行两次"滤镜"→"扭曲"→"球面化"命令，数量为－16像素。执行"高斯模糊"命

令,半径为40像素。执行"滤镜"→"像素化"→"彩色半调"命令,参数使用默认值,如图5-16所示。

(14) 按住Ctrl键单击Alpha 1缩略图载入选区,单击"RGB复合通道"返回"图层"面板。

(15) 在"背景"层上方新建"图层4",并填充黑色,设置该层的不透明度为26%。

(16) 在"图层2"上方新建"图层5",绘制矩形选区并填充白色。

(17) 使用多边形套索工具选取对角的一半后删除,绘制三角形相框角。

(18) 新建图层并为三角形相框添加投影,最终效果如图5-17所示。

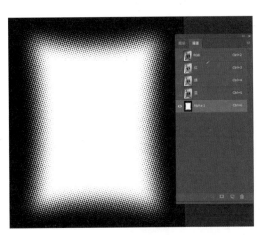

图5-16 "彩色半调"滤镜

图5-17 照片装裱效果

实验5 滤镜的使用

【实验目的】

(1) 熟悉和了解各种滤镜特效。

(2) 掌握常用滤镜的使用方法。

(3) 掌握使用各种滤镜制作特效的方法。

(4) 能够在图像设计中灵活地运用各种滤镜特效。

(5) 了解通道的使用方法。

【实验环境】

(1) 网络环境。

(2) 多媒体计算机和Photoshop。

【实验内容】

参照图5-18完成以下操作。

(1) 制作水彩画效果,如图5-19所示。

(2) 制作一幅砖墙效果图,如图5-20所示。

图 5-18　效果图

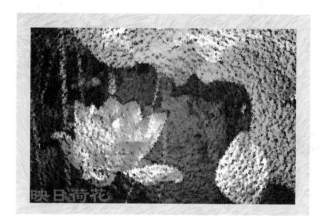

图 5-19　效果图

图 5-20　效果图

(3) 将以上图片合并,最终效果如图 5-18 所示,最后保存文件。

【实验步骤】

1. 制作水彩画的参考步骤

(1) 启动 Photoshop CC 2018。

(2) 执行"文件"→"打开"命令,打开原始图像 5-21.jpg。

(3) 执行"滤镜"→"滤镜库"命令,选择"艺术效果"→"水彩"滤镜,在水彩滤镜的编辑对话框中将画笔细节设为 9,阴影强度设为 0,纹理设为 1,然后单击"确定"按钮。

(4) 单独使用水彩滤镜生成的水彩效果不够逼真,需要对它做进一步处理。单击"通道"面板,然后单击面板下方的"创建新通道"按钮 ,为图像添加 Alpha 1 通道,并将其设置为当前通道。

注意:与图层不同,Alpha 通道不是用来存储图像而是用来保存选取区域的,用黑白灰保存选区的透明程度,默认黑色表示非选取区域,白色表示被选取区域,不同层次的灰度则表示该区域被选取的百分率。在 Alpha 通道中既可以使用绘图工具,也可以使用滤镜,从而制作出轮廓更为复杂的图形化选区,为图像增加特殊效果。

(5) 执行"滤镜"→"杂色"→"添加杂色"命令,打开"添加杂色"对话框。在其中设置数量为 50%,分布设为高斯分布,然后单击属性工具栏上方的"确定"按钮。

(6) 执行"图像"→"调整"→"反相"命令或按 Ctrl+I 组合键,将通道中的黑白色彩倒置。

(7) 执行"滤镜"→"模糊"→"高斯模糊"命令,打开"高斯模糊"对话框。在对话框中设置半径为 2.0,单击"确定"按钮。

(8) 选中 RGB 通道,单击"图层"面板,选中"背景"图层。

(9) 执行"滤镜"→"渲染"→"光照效果"命令,打开"光照效果"对话框,在其中设置光照效果为点光,强度为 50,将纹理通道设为 Alpha 1 通道,高度设为 7,然后单击"确定"按钮,如图 5-21 所示。

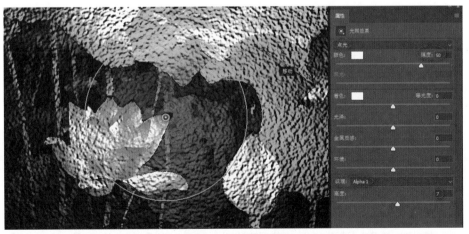

图 5-21 光照效果

(10) 执行"滤镜"→"滤镜库"→"画笔描边"→"喷溅"命令,设置喷溅半径为 1,平滑度为 2,然后单击"确定"按钮。

（11）执行"滤镜"→"滤镜库"→"纹理"→"纹理化"命令，纹理选择"画布"，缩放了50％，凸现了3，光照为"右上"。然后单击"确定"按钮，完成的水彩画效果如图 5-22 所示。

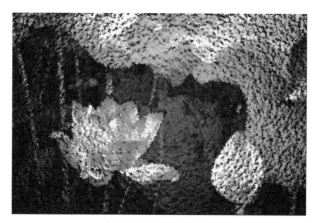

图 5-22　水彩画效果

2. 制作画框的参考步骤

（1）新建图层，命名为"画框"，设置前景色为黄色，按 Alt＋Delete 组合键向该图层填充前景色。

（2）执行"滤镜"→"杂色"→"添加杂色"命令，设置数量为 21，高斯分布，单色，然后单击"确定"按钮。

（3）执行"滤镜"→"模糊"→"动感模糊"命令，设置距离为 8，然后单击"确定"按钮。

（4）执行"滤镜"→"杂色"→"添加杂色"命令，设置数量为 6，高斯分布，单色，然后单击"确定"按钮。

（5）执行"滤镜"→"模糊"→"动感模糊"命令，设置距离为 20，然后单击"确定"按钮。

（6）执行"滤镜"→"液化"命令，用画笔扭曲图像，如图 5-23 所示。

（7）选择矩形选框工具，在图像中绘制一个矩形选区。按 Delete 键删除该选区的内容，如图 5-24 所示。按 Ctrl＋D 组合键取消选区。

（8）打开"图层"面板，选中"画框"图层，单击下方的"添加图层样式"按钮，添加画框图层样式为"斜面和浮雕"，然后单击"确定"按钮。

3. 添加文字的参考步骤

（1）新建图层，命名为"文字"。使用横排文字蒙板工具，大小为 12，字体为"隶书"。在图像中输入文字"映日荷花"并确定。

（2）设置前景色和背景色分别为浅紫色和深紫色。执行"滤镜"→"渲染"→"云彩"命令，按 Ctrl＋D 组合键取消选区。

（3）执行"滤镜"→"滤镜库"→"纹理"→"拼缀图"命令进行应用。

（4）执行"滤镜"→"滤镜库"→"艺术效果"→"涂抹棒"命令进行应用。

（5）选中"文字"图层，添加文字图层样式为"投影"，距离设置为 5。添加文字后的效果如图 5-19 所示。

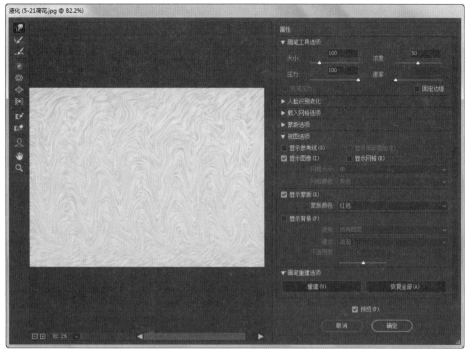

图 5-23 "液化"滤镜

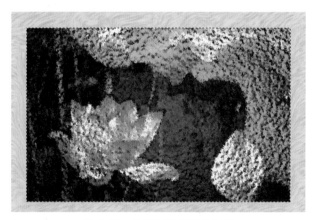

图 5-24 绘制画框后的效果图

4. 制作砖墙效果的参考步骤

（1）执行"文件"→"新建"或按 Ctrl＋N 组合键,在打开的对话框中设置宽度为 16 厘米,高度为 12 厘米,分辨率为 300 像素/英寸,颜色模式为 RGB,背景为白色,然后单击"确定"按钮新建文件。

（2）单击工具箱中的"前景色/背景色"按钮，打开"拾色器"对话框,设置前景色为 166（R）、101（G）、65（B）,背景色为 240（R）、216（G）、188（B）。

（3）执行"滤镜"→"渲染"→"云彩"命令,结果如图 5-25 所示。

注意：执行"云彩"命令,其产生的图案是随机的,因此可以反复执行多次,直到满意为止。

(4) 执行"滤镜"→"像素化"→"点状化"命令,打开"点状化"对话框,设置"单元格大小"为3,单击"确定"按钮,点状化效果如图5-26所示。

图 5-25　云彩效果图

图 5-26　点状化效果图

(5) 执行"滤镜"→"纹理"→"龟裂缝"命令,打开"龟裂缝"对话框,设置间距为100、深度为10、亮度为2,单击"确定"按钮,龟裂缝效果如图5-27所示。

(6) 单击"图层"面板下方的"创建新图层"按钮，得到"图层1"。

(7) 按D键设置前景色为黑色,背景色为白色。单击工具箱中的铅笔工具，在铅笔工具属性栏的"画笔预设"选取器中设置参数:主直径为8像素、硬度为100%。在"图层1"上按住Shift键,画出如图5-28所示的图案。

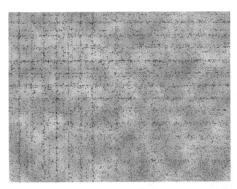

图 5-27　龟裂缝效果图

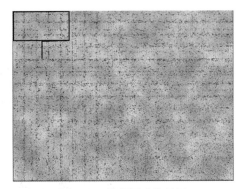

图 5-28　绘制图形效果图

(8) 利用矩形选框工具选中所画图案,单击"图层"面板上"背景"图层左边的眼睛,隐藏"背景"图层,使背景变为透明,如图5-29所示。在"图层"面板中选择"图层1",执行"编辑"→"定义图案"命令,打开"图案名称"对话框,命名该图案为"砖墙"。

(9) 按Ctrl+D组合键取消选区。选择"图层1",在工具箱中选择橡皮擦工具擦除"图层1"中的内容。执行"编辑"→"填充"命令,打开"填充"对话框,将"内容"设置为"图案","自定义图案"设置为刚才定义的"砖墙"图案,如图5-30所示。把"砖墙"图案填充上去。单击"图层"面板上"背景"图层左边的方框,显示"背景"图层,填充后的效果如图5-31所示。

(10) 按住Ctrl键,单击"图层"面板中的"图层1"前的缩略图,将刚才填充的所有黑色砖纹图案载入选区,如图5-32所示。

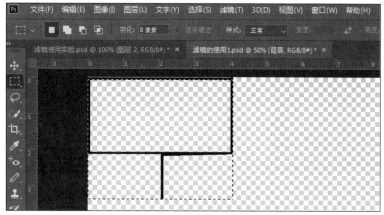

图 5-29　选择图形效果图

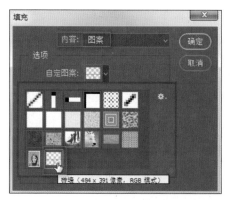

图 5-30　"填充"对话框

图 5-31　填充后的效果图

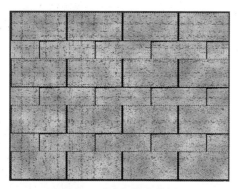

图 5-32　选择图案范围

（11）进入"通道"面板，单击底部的"将选区存储为通道"按钮 ，得到 Alpha 1 通道，并将 Alpha 1 通道设置为当前通道，如图 5-33 所示，按 Ctrl＋D 组合键取消选择。执行"图像"→"调整"→"反相"命令或按 Ctrl＋I 组合键将通道反相，反相后的效果如图 5-34 所示。

图 5-33 "通道"面板

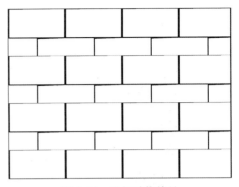

图 5-34 反相后的效果

　　(12) 回到"图层"面板,选中"背景"图层,执行"滤镜"→"渲染"→"光照效果"命令,打开"光照效果"对话框。将"纹理"选项设置为 Alpha 1,"光照效果"设置为"点光",单击"确定"按钮,然后添加"聚光灯"光照效果,设置光照后的效果如图 5-35 所示。

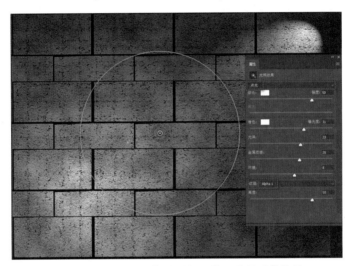

图 5-35 "光照效果"对话框及设置光照后的效果

　　(13) 把"图层 1"设置为当前图层,在"图层"面板左上角的"设置图层的混合模式"下拉列表中选择"颜色加深"选项,设置图层的混合模式,如图 5-36 所示。把"背景"设置为当前图层,执行"图像"→"调整"→"色阶"命令,打开"色阶"对话框,设置"输入色阶"参数为 0、0.74、255。最终的图片效果如图 5-20 所示。

　　(14) 选中如图 5-19 所示的水彩画效果图,将其复制到刚才已制作好的"砖墙"图层上,并添加图层样式为斜面与浮雕、投影效果等,最终效果如图 5-37 所示。

图 5-36 设置图层的混合模式

图 5-37　最终效果图及图层面板

（15）执行"文件"→"存储为"命令，将图像分别以"学号姓名-实验序号.psd"和"学号姓名-实验序号.jpg"为文件名保存，并上交到指定文件夹。

【实验结果和分析】

分析效果图，并将实验中遇到的问题、解决问题的方法以及还需老师讲解的知识点写在实验报告上。

第6章 路径与文字

6.1 知识要点

6.1.1 路径的基本概念

路径是使用贝塞尔曲线所构成的一段闭合或者开放的曲线段,Photoshop 中的路径主要通过钢笔工具创建,采用的是矢量数据方式,所以由路径绘制的图形,无论放大还是缩小,都不会影响图像的清晰度和分辨率。对于复杂的图像,还可以使用路径工具精确地选取,然后转换为选区或存储起来,总地来说,路径的主要作用有:绘制矢量图形,如标志、卡通图形等;制作边缘较为复杂的图像的选区;作为矢量蒙版隐藏图形部分区域。

6.1.2 路径的创建与编辑

1. 路径的创建

通常情况下,路径主要由钢笔工具创建,在 Photoshop 的工具箱中,有一组专门用于绘制和编辑路径形态的工具组,如图 6-1 所示。

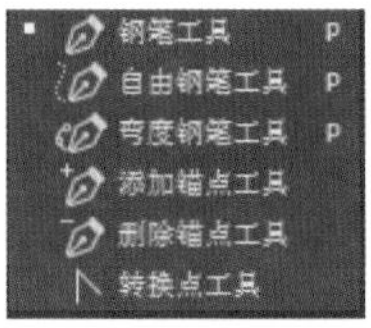

(1) 钢笔工具 ![钢笔]。最常用的路径创建工具,为绘制图形提供了最佳的控制和最大的准确度。

(2) 自由钢笔工具 ![自由钢笔]。用于创建随意路径或沿图像轮廓创建路径,鼠标拖动的轨迹就是路径的形状。

图 6-1 编辑路径形态的
工具组

(3) 弯度钢笔工具 ![弯度钢笔]。可以直观地绘制曲线和直线段。

(4) 添加锚点工具 ![添加锚点]。用于添加路径锚点。

(5) 删除锚点工具 ![删除锚点]。用于删除路径锚点。

(6) 转换点工具 ![转换点]。用于转换路径的平滑点和角点状态。

2. 路径形状的修改

路径形状的修改主要是由工具箱中的添加锚点工具 ![添加锚点]、删除锚点工具 ![删除锚点]、转换点工具 ![转换点]、路径选择工具 ![路径选择]、直接选择工具 ![直接选择]等组合完成的。

(1) 添加、删除和转换锚点。可以在任何路径上添加或删除锚点,添加锚点可以更好地控制路径的形状,而如果路径中包含太多的锚点,则删除不必要的锚点可以减少路径的复杂程度。

（2）移动和调整路径。工具箱中有一个路径选择工具组合，包括路径选择工具 和直接选择工具 ，可以通过移动锚点、两个锚点之间的路径片段、锚点上的方向线和方向点调整曲线路径。

❖ 路径选择工具 。使用路径选择工具可以选择单个路径或多个路径，还可以用来组合、对齐和分布路径。

❖ 直接选择工具 。可以移动锚点或方向线改变曲线的位置和弧度，是精细进行路径修改调整的主要工具。

请注意：若要绘制路径时快速调整路径，则可以在使用钢笔工具的同时按住 Ctrl 键，这样就可以迅速切换到直接选择工具 ，在绘画的过程中避免了反复切换工具的重复操作，释放 Ctrl 键又可以恢复到钢笔工具。

6.1.3 "路径"面板

"路径"面板是 Photoshop 中专门用于存储和编辑路径的控制面板，执行菜单栏中的

"窗口"→"路径"命令可以打开"路径"面板。当前绘制的路径在"路径"面板中会显示出来，未命名的路径都暂时显示为"路径 1"，如图 6-2 所示。

1. 路径与选区之间的转换

可将路径转换成图像中浮动的选区，这样可以进行图像退底或复制等操作，下面通过两个小案例讲解路径与选区的互相转换。

❖ 将路径作为选区载入 ；按 Ctrl＋Enter 组合键也可以快速将路径转换为选区。

❖ 从选区生成工作路径 。

图 6-2 "路径"面板

2. 填充路径

在"路径"面板弹出菜单中选择"填充路径"命令，在弹出的对话框中，在"内容"栏的弹出菜单中可选择不同的填充内容；"保留透明区域"选项只有在具有图层时才可选择；在"羽化半径"后面的数据框中输入数值，数值越大，路径填色边缘虚化的效果越明显。

3. 描边路径

描边路径的描边效果与当前所选的画笔参数直接相关。例如，若要制作沿路径的一些简单的发光效果，则可在选中不同的画笔及颜色后多次重复使用"描边路径"命令实现。可以尝试在"画笔"面板中设定不同的选项，结合"描边路径"命令实现不同的描边艺术效果。

4. 建立剪贴路径

Photoshop 中的图像如果需要局部退底后直接置入到其他排版软件（如 InDesign 或 Illustrator）中，此时就需要用到"剪贴路径"功能，"剪贴路径"是这些排版软件可以识别的 Photoshop 路径，并会沿路径自动进行背景去除。

6.1.4 文字

图像上最后输出的所有信息通常都是由像素构成的,但是 Photoshop 保留了文字的矢量轮廓,可在缩放文字、调整文字属性、存储 PDF 或 EPS 文件,或在将图像输出到 PostScript 打印机时使用这些矢量信息,生成的文字可产生清晰的、不依赖于图像分辨率的边缘。

1. 文字的输入

Photoshop 工具箱中有一组专门用来输入文字的工具,它们的具体功能如下。

❖ 横排文字工具**T**:可以沿水平方向输入文字。

❖ 直排文字工具**IT**:可以沿垂直方向输入文字。

❖ 横排文字蒙版工具:可以沿水平方向输入文字并最终生成文字选区,相当于给文字创建快速蒙版状态。输入文字后,单击工具箱中的其他工具,蒙版状态的文字转变为文字的选区,可进行各种编辑和修改。

❖ 直排文字蒙版工具:可以沿垂直方向输入文字并最终生成文字选区。

请注意:在 Photoshop 中,不能为多通道、位图或索引颜色模式的图像创建文字图层,因为这些模式不支持图层。在这些图像模式中,文字显示在背景上,无法编辑。

2. 文本与段落的编辑

(1) **字符面板**。

❖ 执行菜单栏中的"窗口"→"字符"命令或在文字工具属性栏中单击按钮都可以调出"字符"面板。如果想要改变已经输入的文字属性,则只要将文字选中,然后在"字符"面板中修改相应的参数即可。

(2) **段落面板**。

❖ 执行菜单栏中的"窗口"→"段落"命令或在文字工具属性栏中单击按钮都可以调出"段落"面板,如果想要改变已经输入的段落文字属性,则只要将文字选中,然后在"段落"面板中修改相应的参数即可。

(3) **文字的弯曲变形**。

❖ 对于"文字"图层中的文字,可以通过"变形"选项进行不同程度的变形,如波浪形、弧形等。"变形"操作对"文字"图层上所有的字符有效,不能只对选中的字符执行弯曲变形。

(4) **文字转换**。

❖ 文字图层转换为图像图层。执行菜单栏中的"文字"→"栅格化文字图层"命令,可看到"图层"面板中文字图层缩览图上的 T 字母消失了,文字图层变成了普通的像素图层,此时图层上的文字就完全变成了像素信息,不能再进行文字的编辑,但可以执行所有图像可执行的命令(例如各种滤镜效果)。

❖ 文字图层转换为工作路径。在"图层"面板中选中文字图层,执行菜单栏中的"文字"→"创建工作路径"命令,可以看到文字上出现了路径显示,同时在"路径"面板中出现了一个根据文字图层创建的工作路径。

❖ 文字图层效果。文字图层和其他图层一样可以执行"图层样式"中定义的各种效

果,也可以使用"样式"面板中存储的各种样式。而这些效果在文字进行像素化或矢量化以后仍然保留,并不受影响。

6.2 应用实例

6.2.1 应用矢量工具制作邮票

(1)启动 Photoshop CC 2018,打开"花.jpg"图片素材,执行"图像"→"调整"→"曲线"命令或按 Ctrl+M 组合键,然后在弹出的如图 6-3 所示的"曲线"窗口中单击"自动"按钮,调整图像的色彩,使图像变亮。

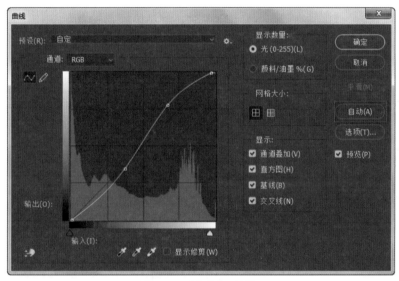

图 6-3　"曲线"对话框

(2)执行"图像"→"画布大小"命令,打开"画布大小"对话框,按图 6-4 所示设置,扩展画布大小,以白色填充画布颜色。

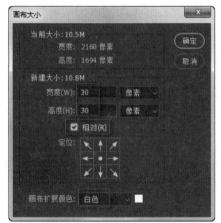

图 6-4　"画布大小"对话框

(3)打开"图层"面板窗口,双击背景,在弹出的对话框中单击"确定"按钮,背景层转化为普通图层 0,并将其图层改名为"郁金香"。

(4)选择矩形工具 ，并在矩形工具属性栏中设置为"路径",如图 6-5 所示。沿着图像边界建立矩形路径,如图 6-6 所示。

(5)设置前景色为灰色,打开"画笔"面板,如图 6-7 所示,设置画笔大小为 10 像素,间距为120%。打开"路径"面板窗口,如图 6-8 所示,选中矩形路径,并单击"路径"面板下方的"用画笔描边路径"按钮进行描边,单击"路径"面板窗口

图 6-5 "矩形工具"属性栏

灰色区域取消路径选择,得到如图 6-9 所示的效果。

图 6-6 建立矩形路径

图 6-7 "画笔"面板

图 6-8 "路径"面板

图 6-9 用画笔描边路径效果图

(6) 选择魔棒工具,单击图像中的白色边缘区域,选择矩形选框工具,选区模式切换为"添加到选区",选中内部图像区域,然后执行"选择"→"反选"命令,反向选择后按 Delete 键清除灰色图像。按 Ctrl+D 组合键取消选区,得到如图 6-10 所示的效果。

(7) 新建"图层 1",在"图层"面板窗口将其移入最底层,并执行"图层"→"新建"→"图层背景"命令将其转化为背景层,颜色为白色。

（8）如图 6-4 所示，再次扩展画布大小，相对 30 像素，画布扩展颜色为白色，得到如图 6-11 所示的效果。

图 6-10　效果图

图 6-11　效果图

（9）选中图层"郁金香"，打开"图层样式"对话框，如图 6-12 所示，设置图层样式为投影，距离为 0，扩展为 15%，大小为 5 像素。

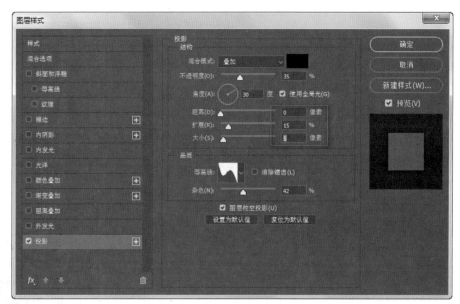

图 6-12　"图层样式"对话框

（10）选择工具箱中的横排文字工具，设置文字工具栏属性为：宋体，48 点，黑色。在左上角写上"中国邮政"字样，右上角写上"100 分"字样。每次文字输入完毕，在文字工具栏右侧单击 ✓ 按钮确认。

（11）新建"图层 1"，选择椭圆选框工具，按住 Shift 键的同时画出一个正圆形，执行"编辑"→"描边"命令，颜色为黑色，宽度为 3 像素，取消选区，并移动到相应位置，如图 6-13 所示。

（12）选择椭圆工具，设置工具栏中属性为"路径"，按住 Shift 键画一个圆形路径。选择文字工具，设置文字工具栏属性为：宋体，20 点，黑色。在路径上单击（注意光标形状），沿着路径输入文字"中国邮政 温州"，并用路径选择工具调整路径，用直接选择工具调整文字和路径的相对位置,如图 6-14 所示。

图 6-13　效果图

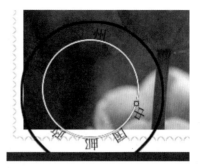
图 6-14　效果图

(13) 使用直线工具画一条路径,选择文字工具在路径上单击(注意光标形状),沿着路径输入文字"2019.3.27",得到如图 6-15 所示的效果。将邮戳相关的图层链接,然后合并,更名为"邮戳",完成如图 6-16 所示的效果。

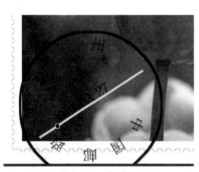
图 6-15　效果图

图 6-16　效果图

6.2.2　百事可乐标志制作

(1) 启动 Photoshop CC 2018,新建一个文档,在工具箱中选择椭圆工具，并在属性栏中的"选择工具模式"下选中"形状"选项,如图 6-17 所示。

图 6-17　椭圆工具属性栏

(2) 设置前景色为蓝色,画一个正圆,这时"图层"面板上会添加一个形状图层,如图 6-18 所示。

(3) 在图层缩略图上单击,将该层拖向面板底部的"创建新图层"按钮，复制该形状层。然后双击图层缩略图,弹出"拾色器"面板,选取红色为新层的填充色,如图 6-19 所示。

(4) 选择矩形工具，在工具栏中设置"与形状区域相交",画一个矩形,如图 6-20所示。

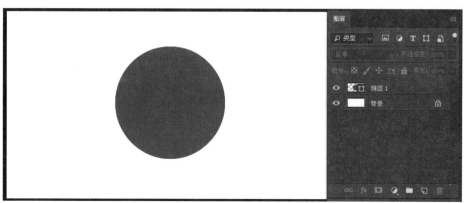

图 6-18　形状图层

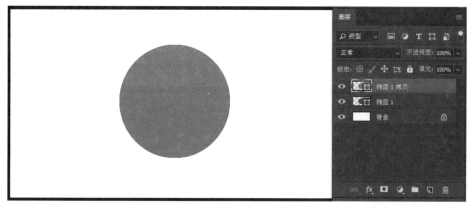

图 6-19　复制后的新图层

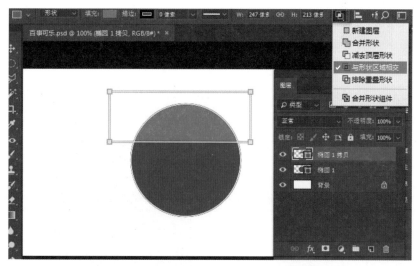

图 6-20　添加矩形

（5）切换到添加锚点工具，在矩形下边线上单击，添加锚点。用鼠标拖住一侧的控制手柄，将下边线调节为如图 6-21 所示的曲线形状。

多媒体应用技术实战教程(微课版)

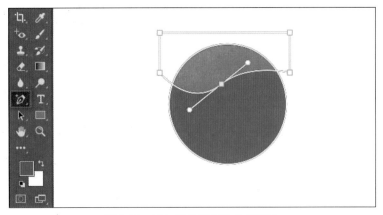

图 6-21　添加锚点调节为曲线形状

（6）切换到路径选择工具 ，按住 Alt 键，用鼠标向下拖动变形后的矩形，这样就可以再复制出一个，如图 6-22 所示。

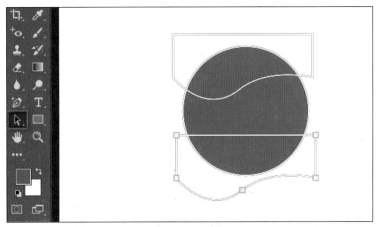

图 6-22　复制一个变形的矩形

（7）按 Ctrl＋X 组合键，剪切掉复制好的矩形，在蓝色形状图层的蒙版缩略图上单击（蒙版缩略图一定是被选中状态），按 Ctrl＋V 组合键将其粘贴到该层，如图 6-23 所示。

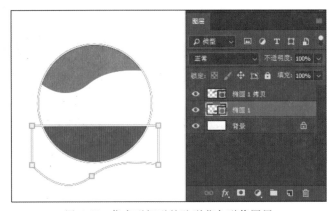

图 6-23　将变形矩形粘贴到蓝色形状图层

（8）按 Ctrl＋T 组合键后右击，在弹出的快捷菜单中选择"水平翻转"和"垂直翻转"选项，对路径进行变形操作，如图 6-24 所示。按 Enter 键确认变形后，一个百事可乐标志就基本完成了。

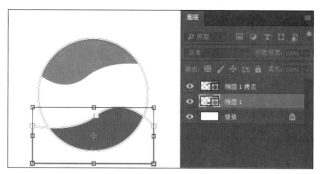

图 6-24　变换路径

（9）在背景层上方新建"图层 1"并绘制正圆选区，用白色填充这个选区，如图 6-25 所示。

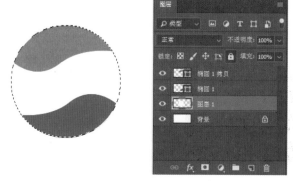

图 6-25　新建图层并填充白色

（10）将上面 3 个图层链接好后，按 Ctrl＋E 组合键合并图层。单击"图层"面板底部的"添加图层样式"按钮，为百事可乐标志制作"斜面浮雕""外发光"（将外发光的混合模式设置为溶解）"内发光"图层样式效果。完成后的最终效果如图 6-26 所示。

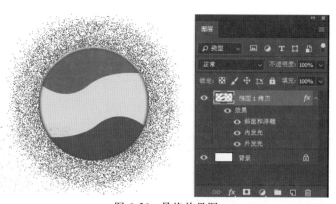

图 6-26　最终效果图

实验 6　路径与文字的操作

【实验目的】

(1) 掌握 Photoshop 中路径的创建。

(2) 掌握 Photoshop 中路径的编辑。

(3) 掌握文字及文字路径的使用。

(4) 掌握路径和选区的相互转换。

(5) 熟练掌握路径的应用。

(6) 熟练掌握工具、图层、通道、路径、滤镜等的综合应用。

【实验环境】

(1) 网络环境。

(2) 多媒体计算机和 Photoshop。

【实验内容】

(1) 设计个性文字,如图 6-27 所示。

(2) 制作圆形印章效果(文字包含自己的姓名),如图 6-28 所示。

图 6-27　效果图

图 6-28　效果图

【实验步骤】

1. 设计个性文字的参考步骤

(1) 新建文件,大小为 550×200,背景颜色为黑色。

(2) 使用横排文字工具,设置属性:字体为"华文琥珀",大小为 70 点,文本颜色为白色。在图像中间写上文字"秀出你自己"。选中文字"你",将字体大小调整为 90 点。确认文字的输入。

(3) 选中文字图层并右击,在弹出的快捷菜单中选择"创建工作路径"选项,单击文字图层的图标以隐藏文字图层。打开"路径"面板,将看到一条基于文字的路径。

(4) 选中文字路径,用直接选择工具 ▶ 调整形状。可自行调整到满意的程度,如图 6-29 所示。

(5) 新建图层,将前景色设为绿色,在"路径"面板中右击路径选择"填充路径"选项,用前景色填充路径,如图 6-30 所示。

图 6-29　效果图

（6）打开"样式"面板，为该图层选择"毯子(纹理)"的样式，如图 6-31 所示。

图 6-30　效果图　　　　　　　图 6-31　"样式"面板

（7）新建图层，命名为"小太阳"，使用自定义形状工具追加全部形状，设置工具栏属性为：填充像素，形状为"太阳 1"，如图 6-32 所示。

图 6-32　自定义形状工具属性栏

（8）在右上角画出小太阳的形状，并在"样式"面板中设置"小太阳"图层的样式为"铬金文字(光泽)"。

（9）新建图层，命名为"图案"，使用自定义形状工具，选择形状为"叶形饰件 2"，在文字下方绘制叶形图案，并在"样式"面板中设置"图案"图层的样式为"雕刻天空(文字)"，效果如图 6-27 所示。

2. 制作圆形印章效果的参考步骤

（1）新建一个 600×400 的画布，按 Ctrl＋R 组合键调出标尺，然后拖动标尺平分画布的宽和高，然后选择椭圆选区工具，以参考线中心为原点，按 Shift＋Alt 组合键绘制一个正圆，填充前景色为＃ff0000，如图 6-33 所示。

（2）执行"选择"→"修改"→"收缩"命令，设置收缩半径为 8px，然后按 Delete 键得到印章的环形边缘，如图 6-34 所示。

（3）选择自定义形状工具，然后在属性栏中选择工具模式为"路径"，选择形状为"五角星"，把鼠标放到参考线中心，按 Shift＋Alt 组合键绘制一个正五角星。按 Ctrl＋Enter 组合键将路径转换为选区，填充前景色为＃ff0000，如图 6-35 所示。

（4）选择椭圆工具，以参考线中心为圆点，在边缘内侧绘制一个圆形路径。然后选择文本工具，把鼠标放到圆形路径上，以该圆形路径为文本路径填充印章内容，如温州大学瓯江学院，如图 6-36 所示。

（5）选择文本工具，在印章下部写上"廖雪峰专用章"，然后按 Shift＋Ctrl＋Alt＋E 组合键盖印可见图层，如图 6-37 所示，然后按 Ctrl＋;组合键取消参考线。

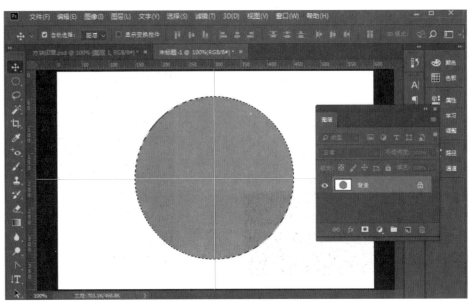

图 6-33　效果图

图 6-34　效果图

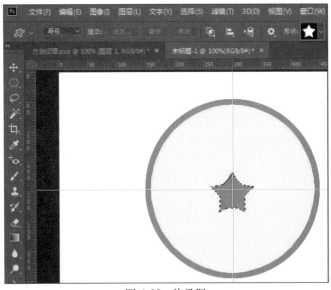

图 6-35　效果图

图 6-36 效果图

图 6-37 效果图

（6）给印章添加滤镜效果，使印章看起更逼真。执行"滤镜"→"高斯模糊"命令，设置模糊半径为 0.5，稍微对印章进行模糊处理，如图 6-38 所示。

（7）执行"滤镜"→"滤镜库"→"画笔描边"→"喷溅"命令，设置喷溅半径为 2，平滑度为 5。

（8）执行"滤镜"→"滤镜库"→"画笔描边"→"深色线条"命令，参数设置为默认，最终效果如图 6-39 所示。

图 6-38 效果图

图 6-39 效果图

（9）在保存的时候，如果想要有透明背景，则可以把白色背景隐藏，这样就可以将印章放在任何一个背景上使用了。

（10）执行"文件"→"存储为"命令，将图像分别以"学号姓名-实验序号.psd"和"学号姓名-实验序号.jpg"为文件名保存，并上交到指定文件夹。

【实验结果和分析】

分析效果图，并将实验中遇到的问题、解决问题的方法以及还需老师讲解的知识点写在实验报告上。

第 7 章　图像处理综合应用

Photoshop 的主要功能就是修图、改图、作图等，简单地说就是各种图层的叠加。图层就是各式各样的纸，有实色的，有透明的，在这些纸上面画上所需的文本、图像、背景、内容等元素，然后将各张纸叠加，形成一本书；而这本书就是设计出来的图片，即最底下有一张有色的纸，然后在上面用一张张透明的纸叠加起来。

7.1　制作个性化图案

（1）启动 Photoshop CC 2018，将背景色设置为你喜欢的颜色，新建一个 400×400 像素的文件，背景内容为背景色。

（2）按 Ctrl+R 组合键打开标尺，双击标尺任意位置打开"首选项"对话框。单击左侧的"参考线、网格和切片"选项，将网格线间隔设置为 50 像素，子网格设置为 1，如图 7-1 所示。

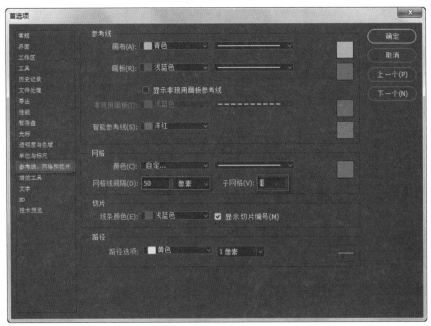

图 7-1　"首选项"对话框

（3）执行"视图"→"显示"→"网格"命令或按 Ctrl＋'组合键显示网格，如图 7-2 所示。

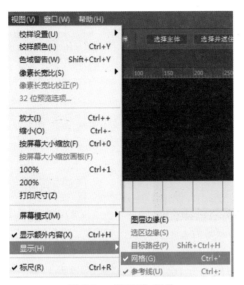

图 7-2　"视图"菜单

（4）分别选择单行和单列选框工具，按住 Shift 键不动，单击每一条网格线，形成如图 7-3 所示的选区。

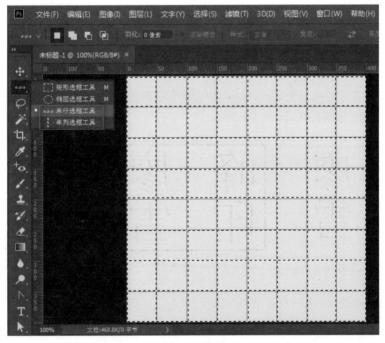

图 7-3　选区

（5）新建一个图层，执行"选择"→"修改"→"边界"命令，在"边界"将像素设置为 4 后单击"确定"按钮，如此反复操作 10 次，这个时候选区如图 7-4 所示。

(6) 填充前景色、取消选区、隐藏网格、并按 Ctrl＋Alt＋Shift＋E 组合键盖印图层，得到如图 7-5 所示的效果。这里是将"边界选区"的宽度设置为 4 像素，如此反复操作 10 次。

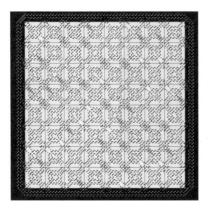
图 7-4　修改边界 10 次后的选区

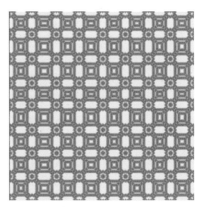
图 7-5　效果图

【提示】可以反复任何次填充，会有意想不到的效果。

(7) 按 Ctrl＋A 组合键全选盖印后的图层，然后选择"编辑"→"定义画笔预设"选项，在弹出的"画笔名称"对话框中将新创建的画笔命名为"图案"。

(8) 新建一个图层并填充白色。选择文字工具，输入印章文字。调整字体、大小、间距、方向。

(9) 新建一个图层，选择矩形选框工具，在字的周围选出一个选区。如果要制作的是正方形印章，可以按住 Shift 键选区，如图 7-6 所示。

(10) 在选区位置右击，选择"描边"选项，设置合适的宽度，然后按 Ctrl＋D 组合键取消选择，如图 7-7 所示。

(11) 将文字图层栅格化，合并文字图层和选框图层，按住 Ctrl 键并单击合并后的图层缩略图，制作出新的选区，如图 7-8 所示。

图 7-6　效果图

图 7-7　效果图

图 7-8　效果图

(12) 单击通道，新建一个通道 Alpha 1，如图 7-9 所示。

(13) 选择油漆桶工具，设置前景色为白色，单击文字填充为白色，如图 7-10 所示。

(14) 选择"滤镜"→"像素化"→"铜版雕刻"选项，对印章文字进行处理，如果想让效果更明显，则可以多处理几遍，如图 7-11 所示。

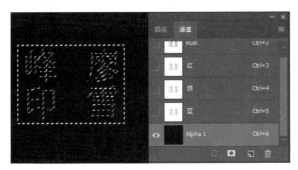

图 7-9 效果图 · 图 7-10 效果图

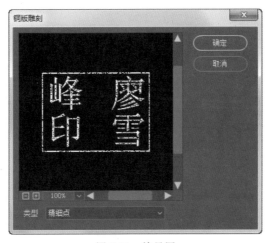

图 7-11 效果图

（15）按住 Ctrl 键单击 Alpha 1 通道，回到图层，再新建一个图层，并隐藏刚才的图层。

（16）选择油漆桶工具，设置前景色为红色，填充颜色，然后按 Ctrl＋D 组合键取消选择，最后执行"滤镜"→"模糊"→"高斯模糊"命令，根据需要进行模糊化处理，如图 7-12 所示。

（17）新建一个图层，然后选择自定义形状工具，在属性栏中设置工作模式为"路径"，形状选择为"爱心"，拖曳鼠标画出一个"爱心"路径，如图 7-13 所示。

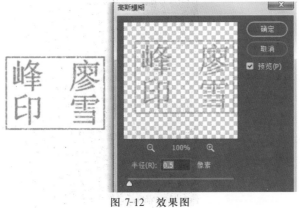

图 7-12 效果图 · 图 7-13 效果图

（18）按 B 键切换到画笔工具,选中先前定义好的"图案"画笔,按 F5 键打开"画笔"面板,设置画笔的形状动态和颜色动态,并设置自己喜欢的前景色和背景色。然后单击"路径"面板下方的"用画笔描边路径"按钮,效果如图 7-14 所示。

（19）选择文字工具,将鼠标指针移动到路径上,在路径上单击以产生一个文字插入点,即可输入文字,最终效果如图 7-15 所示(在"字符"面板中设置"基线偏移"选项可控制文字与路径的垂直距离)。

图 7-14　效果图　　　　　　　　　　图 7-15　效果图

7.2　制作简历封面

（1）启动 Photoshop CC 2018,新建一个 A4 纸大小(29.7cm×21cm)的画布,设置前景色为黑色,背景色为白色,选择渐变工具,在属性栏中设置渐变方式为"线性渐变",按住 Shift 键对画布进行从左向右的渐变填充,然后执行"滤镜"→"像素化"→"彩色半调"命令,打开"彩色半调"对话框,设置"最大半径"为 20 像素,设置"通道 1""通道 2""通道 3"和"通道 4"的参数为 100,因为只有参数相同,将来产生的圆点才不会出现重影现象。应用滤镜后的效果如图 7-16 所示。

（2）选择"矩形选框"工具,在页面左侧绘制一个竖长的矩形选区,将选区内的图像填充为黑色,按 Ctrl+D 组合键取消选择,然后执行"图像"→"调整"→"色相/饱和度"命令,打开"色相/饱和度"对话框,勾选"着色"复选框,设置"明度"为 67,"饱和度"为 42,"色相"为 214,调整后图像中的黑色就变成了淡蓝色,效果如图 7-17 所示。

（3）在图像中添加一些文字,并为所有文字添

图 7-16　应用滤镜后的效果

加"描边"图层样式。而为了使"简历"两个字更突出,需要单独为这两个字添加"投影"图层效果,完成后如图 7-18 所示。

图 7-17 调整图像色彩

图 7-18 封面最后效果

实验 7 图像综合处理

【实验目的】

(1) 掌握 Photoshop 各类工具的综合应用。

(2) 熟练掌握平面图像的综合处理。

【实验环境】

(1) 网络环境。

(2) 多媒体计算机和 Photoshop。

【实验内容】

使用 Photoshop 设计和制作自己的创意作品,如设计海报、宣传画、明信片、封面或台历等。

要求如下:

(1) 主题健康,设计美观;

(2) 构思巧妙;

(3) 素材可使用自己的照片或到网上收集;

(4) 配有相关文字;

(5) 尽量多地应用所学的 Photoshop 知识(如通道、蒙版、图层混合模式、图层样式、选择区域羽化等);

(6) 将图像合成为一幅完整的效果图;

(7) 将图像分别以"学号姓名-实验序号.psd"和"学号姓名-实验序号.jpg"为文件名保存,并上交到指定文件夹。

【实验步骤】

请大家自由发挥。

【实验结果和分析】

分析效果图,并将实验中遇到的问题、解决问题的方法以及还需老师讲解的知识点写在实验报告上。

第 8 章　Flash 入门

8.1　知识要点

8.1.1　Flash 基础知识

1. 了解 Flash 的技术和特点

Flash 是一款具有传奇历史背景的二维动画制作软件,和它自身的鲜明特点息息相关。Flash 既吸收了传统动画制作上的技巧和精髓,又利用了计算机强大的计算能力,对动画制作流程进行了简化,从而提高了工作效率。Flash 动画主要具有以下特点:文件数据量小、融合音乐等多媒体元素、图像画面品质高、适于网络传播、交互性强、制作流程简单、功能强大、应用领域广泛等。

2. Flash CS6 的工作界面

Flash CS6 的工作界面如图 8-1 所示。

图 8-1　Flash CS6 的工作界面

3. Flash CS6 的常用面板

Flash CS6 中提供了各类面板,用于观察、组织和修改 Flash 动画中的各种对象元素,如形状、颜色、文字、实例和帧等。下面介绍几种常用的面板。

请注意:若工作区中没有这些面板,则在菜单栏的"窗口"菜单下都可以找到,单击其中的选项即可显示相应的面板。如果要想回到默认时的面板布局状态,则可执行"窗口"→"工作区"→"传统"命令。

(1)"颜色/样本"面板组。

默认情况下,"颜色"面板和"样本"面板合为一个面板组。"颜色"面板用于设置笔触颜色、填充颜色及透明度等,如图 8-2 所示。"样本"面板中存放了 Flash 中所有的颜色,单击"样本"面板右侧的 ▼≡ 按钮,在弹出的下拉菜单中可以对其进行管理,如图 8-3 所示。

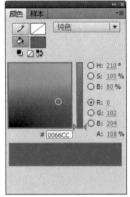

图 8-2 "颜色"面板

(2)"属性"面板。

"属性"面板用于显示和修改所选对象的参数,它随所选对象的不同而不同,当不选择任何对象时,"属性"面板中显示的是文档的属性,如图 8-3 所示。

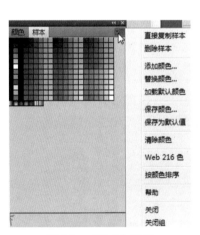

图 8-3 "样本"面板

图 8-4 "属性"面板

(3)"库"面板。

"库"面板用于存储和组织在 Flash 中创建的各种原件,它还用于存储和组织导入的文件,包括位图图形、声音文件和视频剪辑等,如图 8-5 所示。

(4)"对齐/信息/变形"面板。

默认情况下,"对齐"面板、"信息"面板和"变形"面板组合为一个面板组。其中,"对齐"面板主要用于对齐同一个场景中选中的多个对象,如图 8-6 所示;"信息"面板主要用于查看所选对象的坐标、颜色、宽度和高度,还可以对其参数进行调整,如图 8-7 所示;"变形"面板用于对所选对象进行旋转和倾斜等变形处理,如图 8-8 所示。

图 8-5 "库"面板

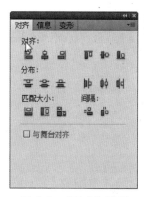

图 8-6 "对齐"面板

图 8-7 "信息"面板

图 8-8 "变形"面板

(5)"动作"面板。

"动作"面板用于编辑脚本,由动作工具箱、脚本导航器和脚本窗格组成,如图 8-9 所示。

(6)"代码片断"面板。

该面板中含有 Flash CS6 为用户提供的多组常用事件。选择一个原件后,可在"代码片断"面板中双击所需要的代码片断,Flash 将该代码片断插入动画中。这个过程可能需要用户手动进行少量代码的修改,在弹出的"动画"面板中都会有详细的修改说明。

8.1.2 Flash 基本操作

1. 创建文档及设置文档属性

启动 Flash,在菜单栏中执行"文件"→"新建"命令或按 Ctrl+N 组合键,弹出"新建文档"对话框,如图 8-10 所示。在"常规"选项卡中可以创建各种常规文件,可以对选中的文件进行宽度、高度、背景颜色等设置。"描述"列表框中显示了对该文件类型的简单介

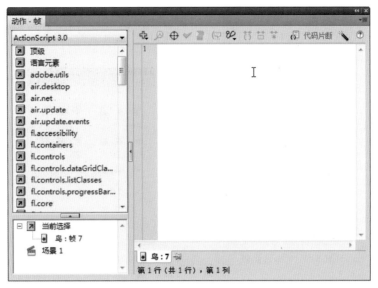

图 8-9 "动作"面板

绍,单击"确定"按钮即可创建相应类型的文档。

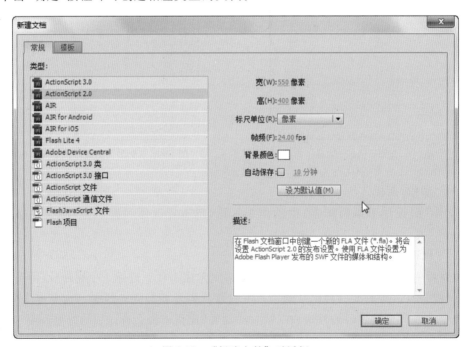

图 8-10 "新建文档"对话框

2. 图像文件的导入与编辑

执行"文件"→"导入"→"导入到舞台"命令,如图 8-11 所示。此时会弹出"导入"对话框,在该对话框中选择背景图片文件,单击"打开"按钮,将该图像文件导入当前的舞台中。在舞台中选择刚导入的图像文件,在"属性"面板中设置图像文件的大小与舞台相同,所设参数中还有图像文件的原点坐标值,使其与舞台完全重合。

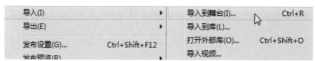

图 8-11 执行"导入到舞台"命令

3. "时间轴"面板的操作

在 Flash 中,动画制作是通过"时间轴"面板完成的,"时间轴"面板主要由两个部分组成,一部分是图层,另一部分是贯穿时间轴的时间线。Flash 动画是按照时间线上的时间由左至右依次播放的。

(1)**帧**。

制作一个 Flash 动画,实际上就是对每一个帧进行操作设计,通过在"时间轴"面板中对帧进行控制,就可以制作出丰富多彩的动画效果。所以,对帧的理解与操作在 Flash 动画制作中尤为重要。

帧是进行 Flash 动画制作的最基本单位,每一个精彩的 Flash 动画都是由很多个精心雕琢的帧构成的,时间轴上的每一帧都可以包含需要显示的所有内容,包括图形、声音、各种素材和其他多种对象。帧是对关键帧时候的形态的时间延长,以让物体保持同一状态更长时间。

帧频是指 Flash 每秒可以播放几个帧画面,其单位为每秒帧数(fps);帧频数值越大,在每秒表现的动画画面就越多,动画也就越流畅。

关键帧是指有关键内容的帧,按 F6 键可插入关键帧,它是用来定义动画变化或更改状态的帧,即编辑舞台上存在实例对象并可对其进行编辑的帧。关键帧就是当需要物体运动或变化的时候需要用到的帧,第一个关键帧是物体的开始状态,第二个关键帧就是物体的结束状态,而中间的补间的帧就是物体由第一个关键帧到第二个关键帧的变化过程。

空白关键帧是指没有包含舞台上的实例内容的关键帧,按 F7 键可插入空白关键帧。空白关键帧表示舞台什么东西都没有,在物体出现和消失的时候很有用,如果需要物体在某一时刻消失,就可以在中间相对的时间轴上插入空白关键帧。插入空白关键帧可以清除该帧后面的延续内容,并在空白关键帧上添加新的实例对象。

普通帧是指在时间轴上能显示实例对象,但不能对实例对象进行编辑操作的帧,按 F5 键可插入普通帧。如果插入的普通帧是为了延续前一个关键帧上的内容,则不可对其进行编辑操作。

(2)**图层**。

在 Flash 中,可以将不同的对象放置到不同的图层,这样就可以在相同的时间段让不同的动画一起播放。另外,还可以通过一些特殊的图层制作出特殊的动画效果。

4. 测试、保存和发布动画文档

(1)**测试影片**。

执行"控制"→"测试影片"→"测试"命令或按 Ctrl+Enter 组合键,弹出"影片测试"窗口,可以观看整个动画的播放效果,测试动画效果是否满意。

(2)**保存动画文档**。

执行"文件"→"保存"命令或按 Ctrl+S 组合键,弹出"另存为"对话框,指定文件保存

的路径,输入对应的文件名,保存类型为 Flash CS6(* .fla),即文件的扩展名为 fla。最后
单击"保存"按钮保存动画。

(3) 导出影片。

执行"文件"→"导出"→"导出影片"命令或按 Ctrl＋Alt＋Shift＋S 组合键,弹出"导
出影片"对话框,指定文件导出的路径和源文件保存在一个目录下,输入对应的文件名,
保存类型为"Flash 影片(.swf)",即文件的扩展名为 swf。然后单击"保存"按钮导出影
片。SWF 格式的文件可以使用 IE 浏览器直接打开或 FlashPlayer 播放器播放。

(4) 发布作品。

执行"文件"→"发布设置"命令,打开"发布设置"对话框,有多种不同的播放格式可
供选择,默认已经选中 SWF 格式和 HTML 格式。根据需要,还可以选择其他文件格式、
设置播放器的版本号和 ActionScript 版本。设置完毕后,单击"发布"按钮,动画即被发
布,在 Flash 源文件所在的目录中可以看到发布后的文件。

5. 元件、符号库和实例

(1) **元件**。

元件是指在 Flash 中可以重复使用的一种特殊对象。元件分为图形、影片剪辑、按钮
三种类型。

图形元件本身是静态的,可以在不同的帧中以相同或不同的形态出现,因此它也是
一种小型的时间线动画。图形元件不能使用交互控件和 Action 命令,它的播放与主时间
轴同步。

按钮是一种具有交互功能的图形元件,用于响应各种鼠标事件。

影片剪辑是一段单独的小型 Flash 动画,它的播放与主时间轴无关,可供交互按钮与
Action 命令调用。

在 Flash 中有两种创建元件的方法,一种是新建元件,另一种是将导入的其他图像等
转换成元件。当要创建新的元件时,执行"插入"→"新建元件"命令或按 Ctrl＋F8 组合
键,弹出"创建新元件"对话框,根据需要选择创建元件的类型并设置元件的名称。当要
将其他图像转换成图形元件时,执行"文件"→"导入"→"导入到舞台"命令,弹出"导入"
对话框,选择需要导入的图片文件,即可将此图片导入舞台,然后在舞台上选中该图片并
右击,在弹出的快捷菜单中选择"转换为元件"选项或按 F8 键,弹出"转换为符号"对话
框,单击"确定"按钮即可将导入的图片转换成元件。

(2) **符号库**。

在 Flash 中,创建的元件都存放在符号库中。符号库可以存放图形元件、按钮元件、
影片剪辑以及导入的位图文件、声音文件等。通过"库"面板可以方便地管理各类符号元
件,用户只需直接从库中反复调用所需的对象元件。可以按 Ctrl＋L 组合键调用"库"
面板 。

(3) **实例**。

实例就是指元件在舞台上的引用,它是元件的一个具体表现。

创建实例。从"库"面板中将元件直接拖曳到舞台中,就创建了这个元件的一个
实例。

修改实例。如果只是想改变实例的大小或形状,则执行"修改"→"变形"命令下对应

的子命令即可修改实例。

分离实例。对舞台中的实例做一些修改而又不想影响元件符号,这时就需要将实例与元件进行分离。要用打散实例的方法割断实例与元件符号的联系,使其成为一组独立的形状和线条,方法为执行"修改"→"分离"命令或按 Ctrl+B 组合键,即可将实例打散。

6. Flash 动画的制作流程

Flash 动画的制作如同拍摄电影一样,无论是何种规模和类型,都可以分为四个步骤:前期策划、创建动画、后期测试和发布动画。

8.2 应用实例

8.2.1 创建变形动画

(1)启动 Flash,创建一个新文档,执行"文件"→"导入"→"导入到舞台"命令,然后在弹出的"导入"对话框中选择"背景.jpg"文件,单击"打开"按钮,将背景文件导入当前舞台,然后在"属性"面板中设置图像文件的大小与舞台相同,再设置背景图像的 X 坐标和 Y 坐标都为 0,使图像正好盖住整个舞台,并将"图层 1"重命名为"背景",然后在"背景"层的第 60 帧处插入一个普通帧,如图 8-12 所示。

图 8-12 效果图

(2)新增"小球"图层,单击第 1 帧;选择工具箱中的椭圆工具 ◎,在舞台的适当位置绘制一个圆;在"颜色"面板中将填充类型设置为"径向渐变",颜色设置如图 8-13 所示;选择工具箱中的颜料桶工具 ◇,然后在舞台中圆的左上角位置单击,给圆填充呈放射状的颜色,一个小球便制作完成了,如图 8-14 所示。

图 8-13　调配颜色

图 8-14　制作好的小球

（3）选择"小球"图层，单击第 40 帧后右击，在弹出的快捷菜单中选择"插入空白关键帧"选项，第 40 帧的小球对象将不存在了。

（4）在工具箱中单击矩形工具 ，保持 1 秒，在下拉菜单中选择多角星形工具 ，在多角星形的"属性"面板中单击"选项"按钮，弹出"工具设置"对话框，参数设置如图 8-15 所示。

图 8-15　设置多角星形的属性

（5）在"颜色"面板中将填充类型设置为"径向渐变"，颜色设置如图 8-16 所示；再在舞台的左下角位置画一个五角星，如图 8-17 所示。

（6）选择"小球"图层的第 1～40 帧中的任意一帧并右击，在弹出的选项中选择"创建补间形状"，即可变形动画，如图 8-18 所示。

（7）执行"控制"→"测试影片"→"测试"命令或按 Ctrl＋Enter 组合键，即可观看整个动画的播放效果，然后按 Ctrl＋S 组合键保存文档。

图 8-16 "颜色"面板

图 8-17 画五角星

图 8-18 创建变形动画

8.2.2 制作立体字

(1) 启动 Flash,创建一个新文档,在工具箱中选择文本工具 **T**,在舞台中输入字符,然后在"属性"面板中设置字符属性,如图 8-19 所示。

(2) 执行两次"修改"→"分离"命令或连续按两次 Ctrl+B 组合键,将文字分离为形状,如图 8-20 所示。

(3) 将舞台显示比例设置为 1000%,在按住 Alt 键的同时向左上方拖曳"文字 1"像素,即可复制并移动图形,多次按 Ctrl+Y 组合键,重复执行上一步的复制并移动操作,直至出现立体效果,如图 8-21 所示。此时,最上方的文字图形处于选中状态。

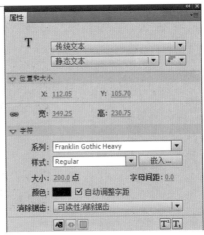

图 8-19　设置字符属性

图 8-20　分离文本

图 8-21　复制、微调文字并重复执行操作

（4）按 Ctrl＋X 组合键剪切选中的文字，然后新建一个图层，在舞台的空白位置右击，在弹出的快捷菜单中选择"粘贴到当前位置"选项。用同样的方法新建"图层 3"，并复制"图层 2"中的图形，然后隐藏并锁定"图层 2"，如图 8-22 所示。

图 8-22　新建图层并复制图形

（5）打开"颜色"面板，在其中设置线性渐变，如图 8-23 所示。使用颜料桶工具在"图层 3"的文字图形中创建渐变颜色，并使用渐变变形工具调整渐变，效果如图 8-23 所示。

（6）用同样的方法在"图层 1"的立体文字图形上创建渐变，这里的渐变色应调暗一些。

（7）显示并解锁"图层 2"，单击"图层 2"的第 1 帧即可选中其中的图形，使用方向键分别将该图形向上和向左移动 2 像素；设置"图层 2"中的文字图形的填充颜色为白色，并

图 8-23　设置线性渐变、应用并调整渐变

设置舞台颜色为深灰色,使用橡皮擦工具 ⬚ 擦除不需要的白边,至此立体字制作完成,如图 8-24 所示。

图 8-24　立体文字效果

实验 8　Flash 基本操作

【实验目的】

(1) 熟悉 Flash 的工作环境。

(2) 掌握 Flash 绘图工具的使用方法。

(3) 掌握图形对象的编辑操作。

(4) 掌握文字的输入及编辑。

(5) 掌握元件的概念、创建及使用。

(6) 掌握测试动画的方法。

(7) 初步了解 Flash 的动画开发流程。

【实验环境】

(1) 网络环境。

(2) 多媒体计算机和 Flash。

【实验内容】

启动 Flash,新建一个文档,参照"Flash 基本操作.exe"效果文件制作如图 8-25 所示的作品。

附:以上姓名请修改为制作人的姓名,在完成以上实验内容的基础上,大家可以发挥各自的创意以使效果更好。

【实验步骤】

(1) 启动 Flash CS6,创建一个新文档。

图 8-25　效果图

（2）制作"背景"层。①在 Flash 工作界面中双击"时间轴"面板左边的"图层 1"，将
"图层 1"更名为"背景"。②选择矩形工具 ■，执行"窗口"→
"颜色"命令，打开"颜色"面板，将笔触颜色设置为"黑色"，填充
样式为"线性渐变"，填充颜色如图 8-26 所示。绘制一个与工
作区大小一致的矩形，再利用渐变变形工具 ■ 改变矩形的填
充方向，效果如图 8-27 所示。③选择线条工具 ＼，在按住
Shift 键的同时拖曳鼠标绘制一条地平线，如图 8-28 所示。
④使用颜料桶工具 ◆ 将地平线以下的区域填充颜色 ♯009900
（颜料桶工具—封闭大空隙）。再使用墨水瓶工具 ◆ 将地平线
笔触颜色更改为 ♯00FF00。更改笔触样式要单击"编辑笔触
样式"按钮 ✐，选择"斑马线"选项，其属性设置如图 8-29 所示。
删除矩形外边框（用选择工具 ▶ 选中线段，逐一按 Delete 键删
除），"背景"层效果如图 8-30 所示。⑤单击"背景"图层第 40
帧，然后右击，在弹出的快捷菜单中选择"插入帧"选项或按 F5
键，将"背景"图层延长至第 40 帧，然后锁定"背景"图层。

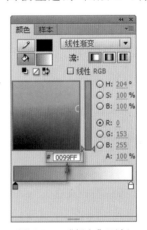

图 8-26　"颜色"面板

图 8-27　填充效果

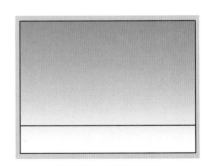

图 8-28　地平线效果

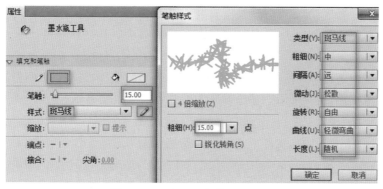

图 8-29 墨水瓶工具的属性设置

图 8-30 "背景"层效果图

（3）制作"花"层。①添加一个图层，更名为"花"。②制作一片花瓣。利用椭圆工具
绘制一个椭圆（椭圆工具属性设置如图 8-31 所示），利用"径向渐变"样式进行填充，填

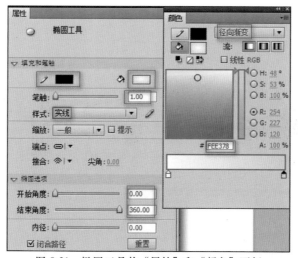

图 8-31 椭圆工具的"属性"和"颜色"面板

充颜色如图 8-31 所示,按住部分选择工具 拖曳鼠标将椭圆一端变形,形成花瓣状。删除花瓣外边框线条,绘制一片花瓣,效果如图 8-32 所示。③制作花朵。选中花瓣,按住 Ctrl 键拖曳鼠标,复制出其他四片花瓣。利用任意变形工具 将花瓣改变方向,组合花朵形状,再绘制出花蕊,利用 Ctrl+G 组合键或执行"修改"→"组合"命令将花朵组合,更改其大小,效果如图 8-33 所示。④绘制茎和叶。利用线条工具 绘制出花茎,利用椭圆工具 绘制叶,按 Ctrl+G 组合键将整株花组合,效果如图 8-34 所示。⑤绘制花苞。如图 8-35 所示(可从 sucai.fla 文件中复制),将花苞和花朵组合,形成完整的一株花。⑥将整株花移至工作区的合适位置,再复制出其余十株花,然后更改其大小,效果如图 8-36 所示。⑦右击"花"图层第 40 帧,在弹出的快捷菜单中选择"插入帧"选项或按 F5 键,将"花"图层延长至第 40 帧,然后锁定"花"图层。

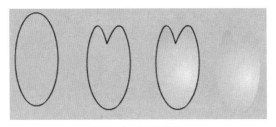

图 8-32　制作花瓣

图 8-33　制作花朵

图 8-34　绘制茎和叶

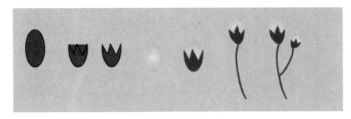

图 8-35　绘制花苞

(4) 制作"蝴蝶"层。①添加一个图层,更名为"蝴蝶 1",执行"文件"→"导入"→"导入到舞台"命令,弹出"导入"对话框,选择要导入的"蝴蝶 1"图片文件,即可将此图片导入

图 8-36　"花"图层效果图

舞台。②在舞台中选择"蝴蝶 1"图片,执行"修改"→"分离"命令或按 Ctrl+B 组合键将图片打散。③在工具栏中选择套索工具，然后单击工具栏下方选项区域中的"魔术棒"按钮，选中"蝴蝶 1"图片背景颜色后按 Delete 键,将其背景色删除(若背景没有删除干净,还可以选中工具箱中的缩放工具将对象放大,然后再用套索工具选中后按Delete 键删除)。④在舞台中选择已删除背景的"蝴蝶 1"图层,执行"修改"→"转化为元件"命令或按 F8 键,在弹出的"转化为元件"对话框中设置元件名称为"蝴蝶 1",类型为"图形",然后将"蝴蝶 1"元件移至合适位置。⑤单击"蝴蝶 1"图层第 40 帧,执行"插入"→"时间轴"→"帧"命令或按 F5 键,将"蝴蝶 1"图层延长至第 40 帧,然后锁定"蝴蝶 1"图层。⑥以此方法再制作"蝴蝶 2"图层并将其锁定,效果如图 8-37 所示。

图 8-37　效果图

（5）制作"白云"层。①添加一个图层,更名为"白云"。②绘制白云。选择椭圆工具 ⬭ ,将笔触颜色设置为"无",填充样式为"纯色",填充颜色为"白色",Alpha 值为 50%,如图 8-38 所示。③利用已设置好的椭圆工具绘制几个交叉的椭圆,形成白云形状,效果如图 8-39 所示。④ 选中已绘制好的白云,按 F8 键将其转化为"白云"图形元件,并利用任意变形工具 ⬚ 将其调整为合适大小,并利用选择工具 ▶ 移动到舞台合适位置。⑤右击"白云"图层第 40 帧,在弹出的快捷菜单中选择"插入关键帧"选项或按 F6 键,将"白云"元件水平移动至舞台最右端。⑥右击"白云"图层第 1~40 帧中的任意一帧,在弹出的快捷菜单中选择"创建传统补间"选项,创建"白云飘动"动画,如图 8-40 所示。⑦锁定"白云"图层。

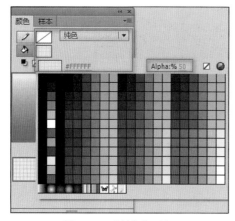

图 8-38 "颜色"面板

图 8-39 白云形状

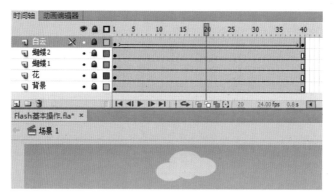

图 8-40 创建"白云飘动"动画

（6）制作"文字 1"层。①添加一个图层,更名为"文字 1"。②选择工具箱中的文字工具 T ,按照图 8-41 所示设置字体为"华文彩云",大小为 60,颜色为"红色",在舞台中输入文字"白云飘动"。③ 选中文字,连续两次按 Ctrl+B 组合键,将文字彻底分离,分别设置各个字的效果。利用选择工具 ▶ 选中"白"字,按 Ctrl+C 组合键复制一个同样的字,接着将底层的文字颜色设置为浅红色,然后执行"编辑"→"粘贴到当前位置",再然后按下键盘上向左的方向键三次,形成阴影字,如图 8-42 所示。A)按 Ctrl+R 组合键导入 sucai 文件下的"位图填充.png"图片、接着按 Ctrl+B 组合键打散图片、然后选择工具箱中的滴管工具 ✐ 吸取打散的位图,填充到"云"字里,得到如图 8-43 所示效果,再然后删除导入的位图。B)选择工具箱中的颜料桶工具 ，设置填充颜色为"色谱"，并利用线性渐变色填充"飘"字，再利用工具箱中的渐变变形工具 改变填充方向，得到如图 8-44 所示效果。C)选择工具箱中的墨水瓶工具 ，如图 8-45 所示设置其属性面板，接着在"动"文字的边缘部分单击就可以给文字添加边框，效果如图 8-46 所示。④锁定"文字 1"层。

图 8-41　文本工具"属性"面板　　　图 8-42　阴影字效果图　　图 8-43　位图填充云字效果图

图 8-44　色谱线性填充飘字　　　　图 8-45　墨水瓶工具"属性"　　图 8-46　墨水瓶工具添加
　　　　效果图　　　　　　　　　　　　　面板　　　　　　　　　　边框效果

（7）制作"文字 2"层。①添加一个图层，更名为"文字 2"。②在工具栏中选择文字工具 T，在如图 8-47 所示的文字工具"属性"面板中，设置文字为"垂直，从左向右"，字体设为"隶书"，字体颜色为"蓝色"，字体大小为 40 点，然后在舞台适当位置输入制作人的姓名，将制作人的姓名变为竖排。③按照制作立体字的步骤制作所需文字的立体效果，最终效果如图 8-48 所示。

（8）测试影片。执行"控制"→"测试影片"→"测试"命令或按 Ctrl＋Enter 组合键。

（9）保存文件。执行"文件"→"另存为"命令，将动画文件以"学号姓名-实验序号.fla"为文件名保存，并上交到指定文件夹。

（10）导出影片。执行"文件"→"导出"→"导出影片"命令，将动画文件以"学号姓名-实验序号.swf"为文件名保存，并上交到指定文件夹。

【实验结果和分析】

分析效果图，并将实验中遇到的问题、解决问题的方法以及还需老师讲解的知识点写在实验报告上。

145

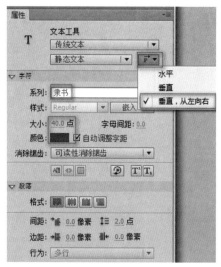

图 8-47　文本工具属性栏

图 8-48　最终效果图

第 9 章　Flash 基本动画制作

9.1　知识要点

9.1.1　动画的分类

在"时间轴"面板中通过对帧的顺序播放可以实现各帧中实例的变化,从而产生动画效果。Flash 中的简单动画主要包括逐帧动画、补间形状动画、传统补间动画和补间动画等类型,它们是制作复杂的 Flash 动画的基础。

9.1.2　逐帧动画

1. 逐帧动画概述

逐帧动画是 Flash 中相对比较简单的基本动画,逐帧动画又称关键帧动画,即将分别制作好的多幅画面连续播放,利用人眼的视觉停留效果形成连续的动画效果。

逐帧动画与传统的动画片类似,每帧中的图形都是通过手工绘制出来的。逐帧动画中的每一帧都是关键帧,可以在每个关键帧中创建不同的内容,当连续播放关键帧中的图形时即可形成动画。逐帧动画制作起来比较麻烦,但它可以制作出所需要的任何动画。逐帧动画适合于制作每帧中的图像内容都发生变化的精细动画,例如动物的奔跑、人物的动作等。

2. 逐帧动画创建

若要创建逐帧动画,则要将每个帧都定义为关键帧,然后为每个帧制作不同的图像,所以制作逐帧动画的工作量比较大,而且生成的影片文件也比较大。有时还需要在关键帧之间插入普通帧,以降低动画变化的速度。

在 Flash 中,制作逐帧动画的方式主要有以下两种。

（1）**绘制各关键帧的方式**。

① 在动画开始的第 1 个关键帧处绘制动画对象。

② 按 F6 键插入关键帧,将其中的内容稍作修改,或按 F7 键插入空白关键帧,重新绘制对象。重复这一操作,直至动画完毕。

③ 需要时在关键帧之间插入普通帧以降低动画速度。

（2）**导入连续图片的方式。**

① 准备好展现对象运动的连续图片，如 GIF 图片等。

② 在动画开始的第 1 帧处导入连续图片，这时系统会弹出一个提示对话框，询问"是否导入序列中的所有图像"，单击"是"按钮，Flash 将自动把图片按序列编号的顺序分配到各个关键帧。

③ 需要时在关键帧之间插入普通帧以降低动画速度。

9.1.3　补间形状动画

1. 补间形状动画概述

补间形状动画其实就是让图形产生形变。在一个关键帧上绘制一个图形，然后在相隔数帧的另外一个关键帧上更改其形状或绘制另一个图形，Flash 将会在这二者之间的帧中自动创建一些过渡的形变过程，这个形变过程所形成的动画称为补间形状动画。

补间形状动画可以实现两个图形之间颜色、形状、大小、位置的相互变化。需要指出的是，如果使用图形元件、按钮、文字，则必须先进行"打散"操作，然后才能创建变形动画。

2. 补间形状动画创建

（1）在变化起始时刻的关键帧中绘制变化前的形状。

（2）在变化结束时刻，按 F7 键插入空白关键帧，并在该帧中绘制变化后的形状。

（3）右击时间轴上起始关键帧和结束关键帧中的任意一帧，在弹出的快捷菜单中选择"创建补间形状"选项，完成补间形状动画的创建。

补间形状动画成功创建后，在"时间轴"面板上显示为淡绿色背景、带箭头的实线。如果背景不是浅绿色或者显示为虚线，则表示动画创建有误。

3. 使用形状提示控制形状变化

若要控制更加复杂或罕见的形状变化，则可以使用形状提示。形状提示会标识起始形状和结束形状中对应的点。形状提示包含 a~z 的字母，用于识别起始形状和结束形状中对应的点，最多可以使用 26 个形状提示。起始关键帧中的形状提示是黄色的，结束关键帧中的形状提示是绿色的，当不在一条曲线上时为红色。

形状提示就是在"起始帧"和"结束帧"中添加相应的参考点，从而有效地控制动画的变形过程。利用形状提示的方法可以制作很多复杂的变形动画，一般常用于小草、衣裙、头发的飘动制作。

添加"形状提示点"的方法：执行"修改"→"形状"→"添加形状提示点"命令或按 Ctrl＋Shift＋H 组合键。

9.1.4　传统补间动画

1. 传统补间动画概述

传统补间动画是在两个关键帧之间创建出来的。在一个关键帧中放置一个元件，然后在另一个关键帧中改变这个元件的大小、颜色、位置、透明度等属性。传统补间动画的对象必须是"元件"或"成组对象",不能是形状图形,形状对象只有在"组合"后或转化为元件后才能应用到补间动画中。

在传统补间动画中,只有关键帧是可编辑的,可以查看补间帧,但无法直接编辑它们。若要编辑补间帧,可修改一个关键帧,或在起始和结束关键帧之间插入一个新的关键帧。

2. 传统补间动画创建

(1) 在起始关键帧中添加运动对象的元件,设置其属性。

(2) 在变化结束时刻按 F6 键插入关键帧,根据需要修改该帧中运动对象的属性(如位置、旋转、缩放、颜色等)。

(3) 右击时间轴上起始关键帧和结束关键帧中的任意一帧,在弹出的快捷菜单中选择"创建传统补间"选项,完成传统补间动画的创建。

传统补间动画成功创建后,在"时间轴"面板上显示为淡紫色背景、带箭头的实线。如果背景不是淡紫色或者显示为虚线,则表示动画创建有误。通常,传统补间动画的起始和结束关键帧处为同一个运动对象,所以,在结束关键帧处可以按 F6 键复制元件。有时也需要在起始和结束关键帧中放置不同的运动对象,以实现变化结束时刻对象突变的特殊效果。

3. 补间动画属性设置

当创建了一个补间动画后,可以在"属性"面板中对动画的效果进行调整,如图 9-1 所示。其中,各项参数的含义如下。

(1) **"缓动"数值框**。用于调整补间动画中两个关键帧之间的变化速度。默认情况下是匀速变化的,即数值为 0。若要实现由慢到快的变化效果,则可以输入 −1～−100 之间的数值;若要实现由快到慢的变化效果,则可以输入 1～100 之间的数值。

(2) **"旋转"下拉列表**。用于设置物体的旋转运动方向及速度。例如,在该下拉列表中选择"逆时针"选项,然后在其后面的数值框中输入 1,则相应的补间动画对象将逆时针旋转一圈。

(3) **"调整到路径"复选框**。选中该复选框,可以使对象沿着设置的路径运动。

(4) **"贴紧"复选框**。选中该复选框,可以使对象沿路径运动时自动捕捉路径。

(5) **"同步"复选框**。选中该复选框,可以使动画在场景中首尾连接并连续播放。

图 9-1　设置"补间"属性

(6) **"编辑"按钮 T**。单击该按钮将弹出"自定义缓入/缓出"对话框,如图 9-2 所示。曲线图形表示随时间推移动画的变化程度,其中水平轴表示帧,垂直轴表示变化的百分比。该对话框中各项参数的含义如下。

① **节点**。在直线或曲线上单击可以为其添加一个节点。拖动节点可以改变线的曲率,以精确地调整动画的变化程度。

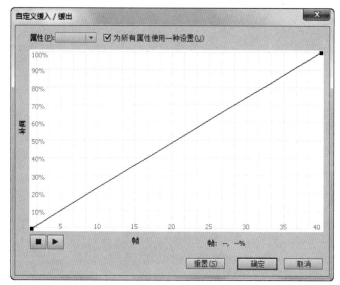

图 9-2　"自定义缓入/缓出"对话框

②**"为所有属性使用一种设置"复选框**。选中该复选框,表示将显示的曲线应用于补间的所有属性。若取消选择该复选框,则将激活"属性"下拉列表,该下拉列表中包括"位置""旋转""缩放""颜色"和"滤镜"5个选项,分别用于设置相应属性的缓入与缓出。

③**"重置"按钮**。单击该按钮,可以将曲线恢复到默认状态。

④**"播放"和"停止"按钮**。单击这两个按钮,可以使用自定义的缓入与缓出效果预览舞台上的动画。

9.1.5　补间动画

1. 补间动画概述

补间动画是通过为不同帧中的对象属性指定不同的值而创建的动画,Flash会自动计算该属性在这两个帧之间的值。补间动画与传统补间动画类似,使用补间动画可以设置运动对象的属性,如位置、颜色、大小等变化,还可以进行曲线运动。但是补间动画是通过属性关键帧定义属性的,并因为不同的属性关键帧所设置的对象属性的不同而产生不同的动画。

2. 补间动画创建

(1)新建一个图层,向第1个关键帧添加元件,右击该帧,在快捷菜单中选择"创建补间动画"选项。

(2)选择后面的某个帧,按F6键添加属性关键帧。

(3)修改属性关键帧处元件的属性,如位置、颜色、倾斜等。舞台中2个关键帧的对象之间将产生运动路径。

(4)使用编辑工具修改运动路径。

补间动画制作成功后,在时间轴中显示为一段具有蓝色背景的帧。补间范围的第1帧中的黑点表示补间范围有运动对象。第1帧中如果是空心点,则表示补间动画的目标对象已删除,但补间范围仍包含其属性关键帧,并可添加新的运动对象。黑色菱形表示其他属性关键帧。属性关键帧是可以改变运动对象属性的帧。

编辑补间运动路径的方法有:在补间范围的任何帧中更改对象的位置;将整个运动路径移动到舞台上的其他位置;使用选取、部分选取或任意变形工具更改路径的形状或大小;使用"变形"面板或"属性"面板更改路径的形状或大小;执行"修改"→"变形"子菜单中的命令。

3. 补间动画与传统补间动画的差异

(1)一个传统补间动画包括起始关键帧和结束关键帧,而补间动画只有一个起始关键帧,其后面都是属性关键帧。

(2)传统补间动画的起始关键帧和结束关键帧中的对象可以不同,而补间动画在整个补间范围内只能是同一个运动对象。

(3)传统补间动画的运动是直线,补间动画的运动可以是曲线。

(4)在同一图层中可以有多个传统补间动画或补间动画,但是同一图层中不能同时出现 2 种补间类型。

(5)补间动画和传统补间动画都只允许对特定类型的对象进行补间。若应用补间动画,则在创建补间时会将所有不允许的对象类型转换为影片剪辑,而应用传统补间动画会将这些对象类型转换为图形元件。

(6)只能使用补间动画为 3D 对象创建动画效果,无法使用传统补间动画为 3D 对象创建动画效果。

9.2 应用实例

9.2.1 逐帧动画示例

(1)启动 Flash,创建一个新文档,单击"时间轴"面板中"图层 1"图层的第 1 帧,执行"文件"→"导入"→"导入到舞台"命令,在弹出的"导入"对话框中选择"背景 1.jpg"文件,单击"打开"按钮,将背景文件导入当前的舞台。

(2)执行"修改"→"文档"命令,打开"文档设置"对话框,设置文档大小与背景图片相同,然后执行"窗口"→"对齐"命令或按 Ctrl+K 组合键打开"对齐"面板,设置"对齐面板"属性如图 9-3 所示,得到背景图片与舞台背景完全重合,然后在"图层 1"第 50 帧处按 F5键,插入普通帧形成动画背景。

(3)单击"时间轴"面板中的"添加新图层"按钮 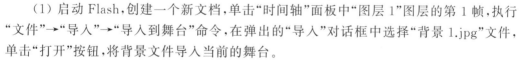,在"图层 1"之上增加了"图层 2"图层。在"图层 2"的第 5 帧按 F6 键,插入关键帧。选择文字工具 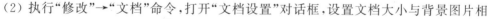,参数设置如图 9-4 所示,输入竖排文字"好美的花也··",得到如图 9-5 所示的效果。

图 9-3 "对齐"属性面板

(4)执行"修改"→"分离"命令或按 Ctrl+B 组合键,将文字分离处理。用选择工具 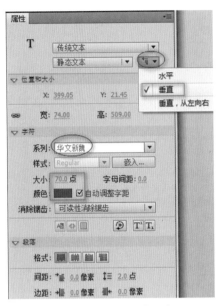 将"好"字后面的所有内容选中,按 Ctrl＋X 组合键将其剪切到剪贴板,此时,"时间轴"面板和第 5 帧对应的文字如图 9-6 所示。

图 9-4　"文字"属性面板

图 9-5　输入文字后的效果图

图 9-6　在第 5 帧处添加的文字

（5）在"图层 2"第 10 帧处按 F6 键插入关键帧,再执行"编辑"→"粘贴到当前位置"命令或按 Ctrl＋Shift＋V 组合键原位粘贴,复原"好美的花也··",再用选择工具 将"好美"两个字后面的内容选中并剪切。此时,"时间轴"面板和第 10 帧对应的文字如

图 9-7 所示。

图 9-7　在第 10 帧处添加的文字

（6）在"时间轴"面板"图层 2"第 15 帧处按 F6 键插入关键帧，按 Ctrl＋Shift＋V 组合键原位粘贴，再用选择工具 将"好美的"后面的内容剪切。在第 20 帧处插入关键帧，同样按 Ctrl＋Shift＋V 组合键原位粘贴，再用选择工具 将"好美的花"后面的内容剪切。再按照此方法继续完成"也··"的逐帧动画。注意各帧所对应的文字。最后在第 50 帧的位置按 F5 键插入普通帧，让出现的文字延长显示时间。最后的状态如图 9-8 所示。

图 9-8　效果图

（7）执行"控制"→"测试影片"→"测试"命令或按 Ctrl+Enter 组合键，即可观看整个动画的播放效果，对话是一个字一个字的按顺序出现的，达到了计算机打字的动画效果，然后按 Ctrl+S 组合键保存文档。

9.2.2　补间形状动画示例

（1）启动 Flash，创建一个新文档，在工具箱中选择多角星形工具 ，再在"属性"面板中单击"选项"按钮，在弹出的"工具设置"对话框中选择"样式"下拉列表中的"星形"选项，在"边数"文本框中输入 10，这时就在舞台中画出了十角星形的图案，如图 9-9 所示。

图 9-9　多角星形工具"属性"面板、十角星形图案

（2）在时间轴的第 30 帧插入空白关键帧（按 F7 键），选择椭圆工具 ，修改填充颜色，画一个椭圆；选中椭圆，然后选择任意变形工具 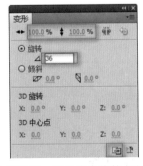，再将椭圆的注册点 从中心的位置拖到椭圆一端，并执行"窗口"→"变形"命令或按 Ctrl+T 组合键，打开"变形"面板，在"旋转"文本框中输入 36，再连续复制并单击"重制选区和变形"按钮 ，将椭圆变为一朵花的形状，如图 9-10 所示。

图 9-10　绘制椭圆且复制多个以椭圆一端为中心旋转 36° 的椭圆

（3）在"时间轴"面板的第 1～30 帧的任意位置单击，执行"插入"→"补间形状"命令或右击，在弹出的菜单中选择"创建补间形状"选项，即可创建补间形状动画。

（4）按 Ctrl+Enter 组合键测试影片，这时变化过程是随机的，如果希望整个变形过程依据一定的规则进行，则可以执行"修改"→"形状"→"添加形状提示"命令，为第 1 帧

的十角星形添加几个提示点,再在第 30 帧处拖动相应的提示点到相应的位置,之后测试影片,发现变形过程就有规律了。最终的动画分解过程如图 9-11 所示。

图 9-11 动画分解过程

图 9-12 "创建新元件"对话框

9.2.3 传统补间动画示例

(1)启动 Flash,创建一个新文档,然后按照逐帧动画示例中的方法将"背景 2.jpg"文件导入到当前的舞台,再设置背景图像文件的大小与舞台完全重合,并将图层 1 重命名为"背景"。

(2)执行"插入"→"新元件"命令或按 Ctrl+F8 组合键,弹出"创建新元件"对话框,将"名称"命名为"水滴",创建一个图形元件,如图 9-12 所示。

(3)在元件编辑舞台中使用椭圆工具 ○,将笔触颜色 ✎□ 设为白色,打开"颜色"面板,将填充"类型"设置为"径向渐变",左边的色块颜色设置为♯9E9FFE,并将透明度 Alpha 设置为 75%,右边的色块颜色设置为白色,透明度 Alpha 设置为 100%,如图 9-13 所示。设置完成后在舞台场景中画一个椭圆。

(4)利用选择工具 ▶ 移动鼠标指针到画好的椭圆上方,当鼠标指针变成 ▶↘ 时,向上拖动椭圆上方边线使其变成水滴状,如图 9-14 所示。

图 9-13 "颜色"面板

图 9-14 制作水滴元件

(5)单击 ⮐场景1 按钮,回到场景中,单击"新建图层"按钮 ⬚,然后在新建的"图层 2"的第 1 帧处单击,将制作好的"水滴"元件拖至舞台中,并将该层重命名为"水滴"。

(6)在"水滴"图层的第 7 帧单击,按 F6 键插入关键帧,将"水滴"元件向下拖至舞台中背景图片中水面的位置。再在第 1 帧与第 7 帧这两个关键帧之间的任意一帧右击,在弹出的快捷菜单中选择"传统补间动画"选项。由此完成水滴从上向下滴落的位移动画。动画分解过程如图 9-15 所示。

(7) 按 Ctrl+F8 组合键,弹出"创建新元件"对话框,将元件名称命名为"椭圆",创建一个椭圆图形元件。在元件编辑舞台中选择椭圆工具 ◯,设置填充色为无填充,笔触色为#33FFFF,Alpha 值为 60%。设置好后在舞台中画一个小的扁椭圆。

(8) 单击 ◣场景 1 按钮,回到场景中,单击"新建图层"按钮 ◻,并将该图层重命名为"水波"。在该图层的"时间轴"面板的第 7 帧处按 F6 键插入关键帧,将"库"面板中的"椭圆"元件拖入舞台,创建水波实例,并在水滴的下方摆放好,如图 9-16 所示。

图 9-15　动画分解过程　　　　　　图 9-16　创建水波实例

(9) 在第 36 帧处单击,按 F6 键插入关键帧,用任意变形工具 ▒ 将此帧的椭圆放大,如图 9-17 所示。

(10) 在第 7~36 帧中任意一帧处右击,在快捷菜单中选择"创建传统补间动画"选项,创建该实例的形状变化动画。

(11) 单击第 36 帧处的椭圆实例,用选择工具 ▶ 单击椭圆实例,在"属性"面板的"色彩效果"的样式中选择 Alpha,然后将透明度设置为 0%,如图 9-18 所示。这样椭圆在变大的过程中将逐渐变为透明。

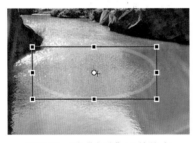

图 9-17　对"水波"元件放大　　　　图 9-18　椭圆实例"属性"面板

(12) 选择"水波"图层,单击"新建图层"按钮 ◻,在"水波"图层上方再创建一个新图层,命名为"水波 2"。

（13）在"时间轴"面板的"水波"图层的第10帧处单击，按住 Shift 键，再在第40帧处单击，将第7～36帧全部选中并右击，在弹出的快捷菜单中选择"复制帧"选项，如图9-19所示。

图9-19 复制帧

（14）新建"水波2"图层，在第13帧处单击，按F6键插入关键帧并右击，在弹出的快捷菜单中选择"粘贴帧"选项。

（15）复制上面的步骤，在"时间轴"面板中再新建"水波3"和"水波4"两个图层，每层间隔6帧，将"水波"图层的所有帧粘贴到各层。最终的"时间轴"面板如图9-20所示。

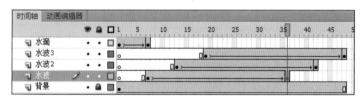

图9-20 最终的"时间轴"面板

（16）按Ctrl＋Enter组合键测试影片，观看动画效果，最终的动画分解过程如图9-21所示。最后保存文件为"传统补间动画.fla"。

图9-21 动画分解过程

9.2.4 补间动画示例

（1）启动 Flash，创建一个新文档，执行"插入"→"新元件"命令或按 Ctrl＋F8 组合键，弹出"创建新元件"对话框，将"名称"命名为"风车"，创建一个图形元件。

（2）在元件编辑舞台中执行"视图"→"标尺"命令，在窗口中显示标尺，将鼠标指针移到标尺处，按住鼠标左键拉出水平和竖直的两条垂直辅助线，确定圆心。

（3）选择椭圆工具 ，按 Shift＋Alt 组合键，以辅助线的交点为圆心在图层的第 1 帧处画一个圆。在"属性"面板中设置线条的宽为 3，线型为实线，设置圆的直径为 188，如图 9-22 所示。

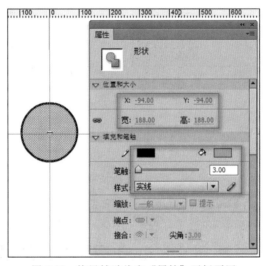

图 9-22　使用辅助线和"属性"面板画圆

（4）使用直线工具 在水平辅助线的位置画一条稍长于直径的直线。选中此线条，按 Ctrl＋T 组合键打开"变形"面板，设置"旋转"为 45°，并单击"重制选区和变形"按钮 三次，复制三条直线，如图 9-23 所示。

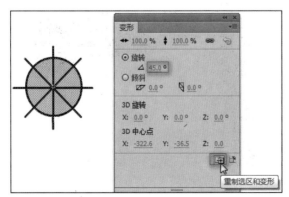

图 9-23　复制直线并旋转变换方向

（5）利用选择工具  将圆直径外的直线及部分圆内的填充色删除,当鼠标指针变成 形状时按住鼠标左键拖动,将直线拉成弧线形,对图形进行调整变形,并分别填充不同的颜色,如图9-24所示。

（6）单击 场景1 按钮,回到场景中,然后在"图层1"的第1帧处单击,按F6键插入关键帧,将制作好的"风车"元件拖置舞台中。然后右击,在弹出的快捷菜单中选择"创建补间动画"选项。此时将自动出现补间范围,默认为25帧,且首个关键帧及其后面的普通帧都变为了浅蓝色。将鼠标指针置于补间范围右侧,当其变为双向箭头时按住鼠标左键并向右拖动至60帧,如图9-25所示。

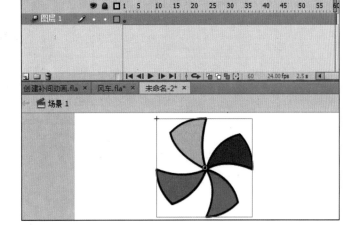

图 9-24 对圆进行调整后的效果图   图 9-25 创建补间动画并增大补间范围

（7）将播放头移至"图层1"的最后一帧,右击执行"插入关键帧"命令,根据需要制作补间动画的类型,例如执行"旋转"命令,如图9-26所示。

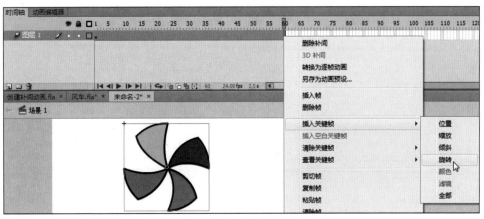

图 9-26 创建旋转动画

（8）在补间动画"属性"面板的"方向"下拉列表中选择"顺时针"选项,在"旋转"右侧的文本框中输入10,这样就创建出了让风车顺时针旋转10次的动画。为了让风车在旋转时产生越转越快的效果,还可以将"缓动"参数设置为−100,具体设置如图9-27所示。

（9）按 Ctrl＋Enter 组合键测试影片，观看动画效果，最终的动画分解过程如图 9-28 所示。最后保存文件为"补间动画.fla"。

图 9-27　补间动画"属性"面板

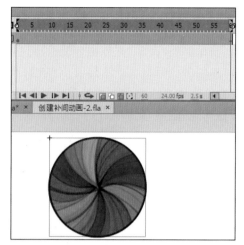

图 9-28　动画分解过程

实验 9　Flash 基本动画制作

【实验目的】

（1）进一步掌握图层、帧、关键帧的基本概念及操作。

（2）掌握逐帧动画的基本概念及操作方法。

（3）掌握补间形状动画的基本概念及操作方法。

（4）掌握传统补间动画和补间动画的基本概念、操作方法及操作技巧。

（5）熟悉传统补间动画和补间动画"属性"面板的设置。

（6）熟练掌握利用运动渐变制作出改变大小、发生位移及 Alpha 值改变等效果的动画。

【实验环境】

（1）网络环境。

（2）多媒体计算机和 Flash。

【实验内容】

启动 Flash，新建一个文档，参照"Flash 基本动画制作.exe"效果文件制作如图 9-29 所示的作品。

【实验步骤】

（1）启动 Flash CS6，执行"文件"→"打开"命令，打开"Flah 基本动画制作-原始.fla"文件。

（2）在 Flash 工作界面中双击"时间轴"面板左边的"图层 1"，将此图层更名为"天空渐变"。选择矩形工具 ，执行"窗口"→"颜色"命令，打开"颜色"面板，将笔触颜色设置

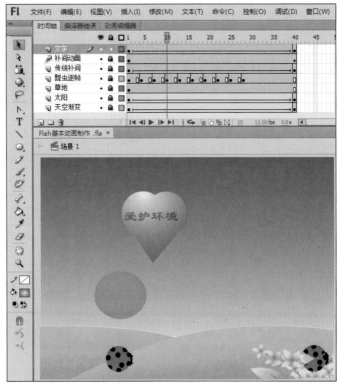

图 9-29　基本动画效果图

为"无",填充样式为"线性渐变",填充颜色如图 9-30 所示。绘制一个与工作区大小一致的矩形,再利用渐变变形工具 改变矩形填充方向,效果如图 9-31 所示。在第 40 帧处右击,在弹出的快捷菜单中选择"插入关键帧"选项,再将天空的颜色变为由浅蓝色至白色的线性渐变,效果如图 9-32 所示。

图 9-30　第 1 帧处的"颜色"面板

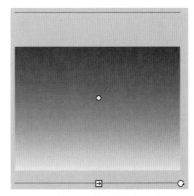

图 9-31　第 1 帧处的填充效果

（3）在"时间轴"面板的第 1～40 帧中的任意位置单击,然后执行"插入"→"补间形状"命令或右击,在弹出的菜单中选择"创建补间形状"选项,即可添加补间形状动画,完

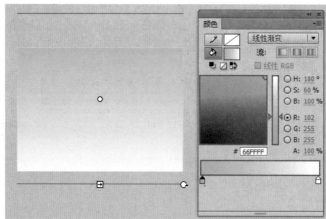

图 9-32　第 40 帧处的"颜色"面板及填充效果

成天色由暗到亮的变化过程,效果如图 9-33 所示。

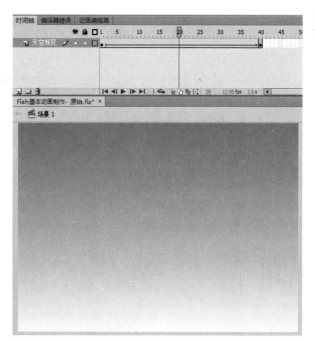

图 9-33　添加补间形状动画后的"时间轴"面板及第 20 帧处的填充效果

　　(4) 新建"图层 2",更名为"草地"。然后执行"窗口"→"库"命令,打开"库"面板,将"草地"元件拖入舞台的适当位置并对齐,效果如图 9-34 所示。

　　(5) 新建"图层 3",更名为"太阳"。在"太阳"图层的第 1 帧处利用工具箱中的椭圆工具 配合 Shift 键在舞台上画一个正圆,其中笔触颜色为"无",填充样式为"纯色",填充颜色设为"橙色",然后在第 40 帧处插入关键帧,将太阳的填充颜色修改为红色并移至天空右上方,再添加补间形状动画,即用补间形状动画制作太阳由橙色变至红色并升上天空的变化过程(注意调整 3 个图层的位置关系),如图 9-35 所示。

　　(6) 新建"图层 4",更名为"瓢虫逐帧",执行"文件"→"导入"→"导入到舞台"命令,

图 9-34　添加"草地"图层后的效果

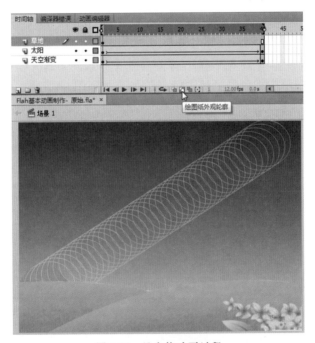

图 9-35　日出的动画过程

打开"导入"对话框,将"sucai\瓢虫 1.png"图片文件导入场景,这时,系统会弹出一个提示对话框,询问"是否导入序列中的所有图像",单击"是"按钮,Flash 将自动把图片按序列编号的顺序分配到各个关键帧,如图 9-36 所示。

（7）通过以上操作,虽然所有图片都被导入到舞台了,但这些图片的大小和位置可能不

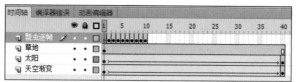

图 9-36　Flash 把图片按顺序分配到各个关键帧

符合要求,因此需要对它们进行变形与对齐操作。执行"窗口"→"变形"命令或按 Ctrl＋T 组合键打开"变形"面板,将每一帧瓢虫对象缩小至原来的一半,再执行"窗口"→"对齐"命令或按 Ctrl＋K 组合键打开"对齐"面板,勾选"与舞台对齐"复选框,再分别单击"右对齐"和"底对齐"按钮,如图 9-37 所示。

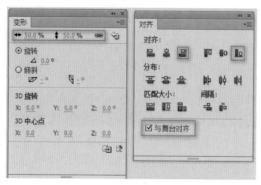

图 9-37　"变形"与"对齐"面板

（8）如果觉得瓢虫展翅得太快,则可以在每一个关键帧上按 F5 键插入多个普通帧,再选中"瓢虫逐帧"图层中的最后一帧并按 F5 键,得到如图 9-38 所示的效果。

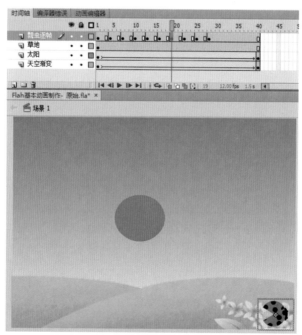

图 9-38　添加瓢虫逐帧动画后的效果图

（9）将舞台场景中的"瓢虫逐帧"动画转换为影片剪辑元件。在"瓢虫逐帧"图层中第1帧处单击，然后按住 Shift 键，再在第 40 帧处单击，将"瓢虫逐帧"图层的所有帧选中，右击，在弹出的快捷菜单中选择"复制帧"命令，然后执行"插入"→"新建元件"命令或按 Ctrl＋F8 组合键，弹出"创建新元件"对话框，将"名称"命名为"瓢虫运动"，类型设为"影片剪辑"，如图 9-39 所示，创建一个影片剪辑元件，在元件的"图层 1"第 1 帧处右击，在弹出的快捷菜单中选择"粘贴帧"选项，即可将逐帧动画转换成"瓢虫运动"影片剪辑元件。

图 9-39 "创建新元件"对话框

（10）单击 场景1 按钮，返回场景中，新建"图层 5"，更名为"传统补间"。单击此层"时间轴"面板的第 1 帧，将制作好的"瓢虫运动"元件拖置舞台左下角处并与舞台底部对齐，再单击此层"时间轴"面板的第 40 帧，按 F6 键插入关键帧，并将"瓢虫运动"元件移至舞台右下角，然后在第 1 至 40 帧之间的任意一帧右击，在弹出的快捷菜单中选择"创建传统补间"选项，如图 9-40 所示，这时在两个关键帧之间会出现一个淡紫色背景的实线箭头。

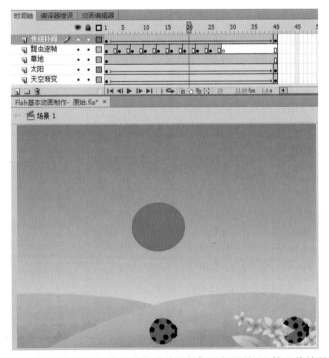

图 9-40 添加传统补间动画后的"时间轴"面板及第 20 帧处的效果图

（11）执行"插入"→"新建元件"命令或按 Ctrl＋F8 组合键，弹出"创建新元件"对话框，将"名称"命名为"心形"，类型设为"图形"，创建一个图形元件，在元件的"图层 1"舞台中利用工具箱中的椭圆工具 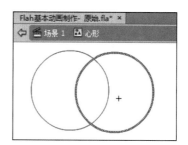 配合 Shift 键在舞台上画一个正圆，其中笔触颜色为"红色"，填充为"无"，效果如图 9-41 所示。

（12）选中以上正圆，利用 Ctrl＋选择工具 复制一个圆与这个圆相交，如图 9-42 所示。

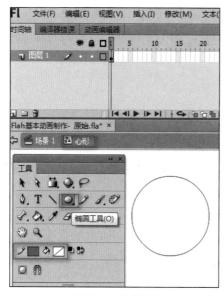

图 9-41　效果图

图 9-42　效果图

（13）利用选择工具 配合 Shift 键选中两圆相交的线，然后按 Delete 键，即可删除两圆相交的线，得到如图 9-43 所示的效果。

（14）在工具箱中选择部分选取工具 ，在两个相交的圆下边的中点处拖曳出一个尖角，如图 9-44 所示。

（15）分别选中心形左右两侧的拐角，然后按 Delete 键删除，即可得到一个心形，如图 9-45 所示。

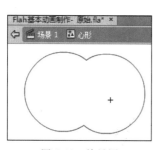

图 9-43　效果图

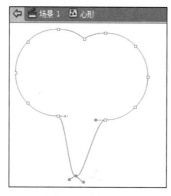

图 9-44　效果图

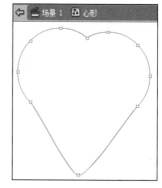

图 9-45　效果图

（16）在工具箱中选择转换锚点工具 ，在角点处单击，会发现角点变尖了，然后用

选择工具 ⬛ 稍作调整,得到如图9-46所示的效果。

(17) 在工具箱中选择颜料桶工具 ⬛ ,在"颜色"面板中,设置填充色为"黄色-红色"径向渐变,在心形中用填充工具从左上角到右下角画一条直线,心形就填充好了,然后用选择工具 ⬛ 选中心形的边框,再按Delete键删除边框,则可得到如图9-47所示的效果。

图9-46 效果图

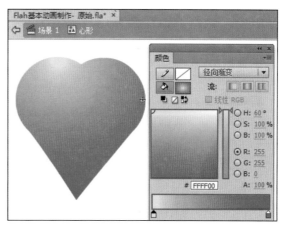

图9-47 效果图

【提示】如果对心形的渐变不太满意,则可以在工具箱中利用渐变变形工具 ⬛ 进行调节。

(18) 单击 ⬛场景1 按钮,返回场景中,新建"图层6",更名为"补间动画"。单击此层的第1帧,将制作好的"心形"元件拖置舞台适当位置,并按Ctrl+T组合键,在打开的"变形"面板中调整心形的大小。然后右击,在弹出的快捷菜单中选择"创建补间动画"选项。此时将自动出现补间范围,且首关键帧和关键帧后面的普通帧都变为了浅蓝色。右击第40帧,在弹出的快捷菜单中执行"插入关键帧"→"缩放"命令,再将心形放大,如图9-48所示,此时其在时间轴中显示为一段具有蓝色背景的帧,且末尾关键帧处有黑色菱形标志。

(19) 新建"图层7",更名为"文字"。单击此层"时间轴"面板的第1帧,在工具箱中选择文字工具 T,在其"属性"面板中设置字体为"隶书",颜色为"蓝色",大小为16点,输入文字"爱护环境"。执行"修改"→"转换为元件"命令或按F8键将刚输入的文字转换为文字元件,然后在其"属性"面板中"色彩效果"下的"样式"中选择Alpha,并将Alpha值设为30%,再将文字元件移至心形的适当位置。然后单击此层"时间轴"面板的第40帧,按F6键插入关键帧,并将文字元件放大且调整Alpha值为100%,最后在第1~40帧之间的任意一帧单击,执行"插入"→"传统补间"命令,得到如图9-49所示的效果。

(20) 执行"控制"→"测试影片"命令或按Ctrl+Enter键,观看动画效果。

(21) 保存文件。执行"文件"→"另存为"命令,将动画文件以"学号姓名-实验序号.fla"为文件名保存,并上交到指定文件夹。

(22) 导出影片。执行"文件"→"导出"→"导出影片"命令,将动画文件以"学号姓名-实验序号.swf"为文件名保存,并上交到指定文件夹。

【实验结果和分析】

分析效果图,并将实验中遇到的问题、解决问题的方法以及还需老师讲解的知识点写在实验报告上。

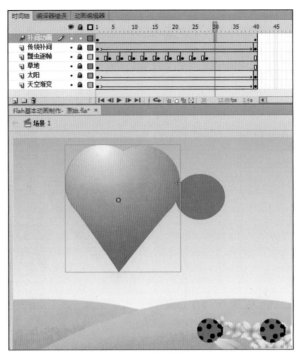

图 9-48 添加补间动画后的"时间轴"面板及第 30 帧处的效果图

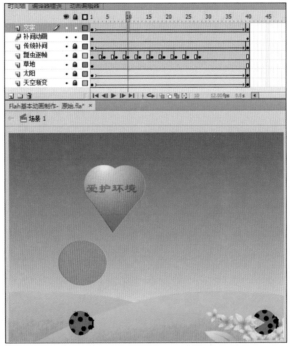

图 9-49 添加文字图层后的"时间轴"面板及第 10 帧处的效果图

第 10 章　Flash 图层特效动画制作

10.1　知识要点

引导动画和遮罩动画在 Flash 动画设计中占据着非常重要的地位,一个 Flash 动画的创意层次主要体现在它们的制作过程中。

引导动画即为传统补间动画创建运动路径,用户可使用钢笔、铅笔、线条、圆形、矩形或刷子等工具绘制所需的路径,然后将补间对象贴紧到路径上,使其沿路径运动。

遮罩动画由遮罩层和被遮罩层组成。遮罩层用于放置遮罩的形状,被遮罩层用于放置要显示的图像。遮罩动画的制作原理就是透过遮罩层中的形状将被遮罩层中的图像显示出来。

10.1.1　引导动画

1. 引导动画概述

引导动画是指被引导对象沿着指定的路径进行运动的动画。引导动画由引导层和被引导层组成。引导层中绘制对象运动的路径,被引导层中放置运动的对象。在一个运动引导层下可以建立一个或多个被引导层。

绘制引导线时,应注意以下事项。

(1) 引导线不能出现中断。

(2) 引导线不能出现交叉和重叠。

(3) 引导线的转折不能过多或过急。

(4) 被引导对象对引导线的吸附一定要准确。

2. 引导动画的创建

一个对象沿着一条任意的开放路径运动的引导路径动画的制作步骤如下。

(1) 新建图层,在第 1 帧中放置动画对象。

(2) 右击动画对象所在的图层,在快捷菜单中选择“添加传统运动引导层”选项,添加运动引导层。在运动引导层中,利用铅笔或其他工具绘制引导线。绘制的引导线要平滑流畅,尽量一气呵成、不作停顿。

(3) 选中动画对象所在图层的第 1 帧,拖动对象,将中心点对准引导线的起点。在结束处按 F6 键插入关键帧,并将实例的中心对准引导线的终点。创建该图层的传统补间动画。

但有些动画,对象运动的轨迹是封闭的曲线,例如地球绕着太阳转,月亮绕着地球转等。因为运动的轨迹是一个封闭的椭圆,没有所谓的起点和终点,所以在制作过程中就需要特殊处理,将封闭的轨迹线擦除出一个小缺口。

10.1.2 遮罩动画

1. 遮罩动画概述

若要获得聚光灯效果和过渡效果,则可以使用遮罩层创建一个孔,通过这个孔可以看到下面的图层。遮罩项目可以是填充的形状、文字对象、图形元件的实例或影片剪辑。将多个图层组织在一个遮罩层下可以创建复杂的遮罩效果。若要创建动态效果,则可以让遮罩层动起来。

若要创建遮罩层,应将遮罩项目放在要用作遮罩的图层上。与填充或笔触不同,遮罩项目就像一个窗口,透过它可以看到位于它下面的被遮罩层区域。除了透过遮罩项目显示的内容之外,其余的所有内容都被遮罩层的其余部分隐藏起来了。

需要注意的是,一个遮罩层只能包含一个遮罩项目。遮罩层不能在按钮内部,也不能将一个遮罩应用于另一个遮罩。

2. 遮罩动画创建

遮罩动画的创建步骤如下。

(1) 制作被遮罩层中的内容。

(2) 制作遮罩层中的内容。

(3) 在"图层"面板中,右击"遮罩"图层,在快捷菜单中选择"遮罩层"选项。

这个步骤看似简单,但实际的制作并不简单。可以说,遮罩动画是 Flash 所有动画类型中最复杂的一种。不仅需要正确区分哪个是遮罩层,哪个是被遮罩层,而且遮罩层和被遮罩层中都可以制作动画,这就需要进一步确定到底是哪个图层在动或者是两个图层都在动。

10.2 应用实例

10.2.1 引导动画示例

(1) 打开"引导动画示例源.fla"文件,单击"时间轴"面板中"背景"图层的第 1 帧,执行"窗口"→"库"命令,在打开的"库"面板中选择"背景.jpg"文件,将"背景.jpg"从库中拖入舞台,使其居于舞台中央。如果图片大小不合适,则重新设置舞台大小使其和"背景.jpg"图片大小一致,再在"属性"面板中将其坐标值设定为 $X=0$ 和 $Y=0$,如图 10-1 所示,使得图片和舞台完全重合。

(2) 选中第 80 帧,按 F5 键添加普通帧,"背景"图层就创建完成了,如图 10-2 所示。

图 10-1 调整图片大小及位置

图 10-2　创建背景图层

　　(3) 新建"桃花"图层,将库中"桃花"图形元件拖动至该层,放置在舞台背景图片中的
树枝上方。

　　(4) 右击"桃花"图层,在快捷菜单中选择"添加传统运动引导层"选项,为"桃花"图层
添加运动引导层,如图 10-3 所示。

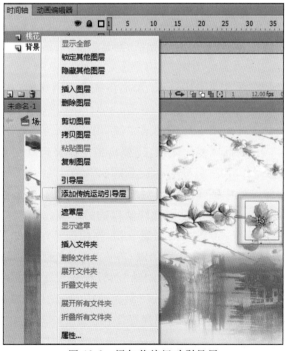

图 10-3　添加传统运动引导层

（5）选中传统运动引导层的第 1 帧，选择工具箱中的铅笔工具 ✏️，将铅笔模式设置为"平滑"，笔触颜色为"黑色"。在舞台上绘制一条任意的曲线，这条曲线即桃花飘落的轨迹，如图 10-4 所示。延长运动引导层至第 80 帧。

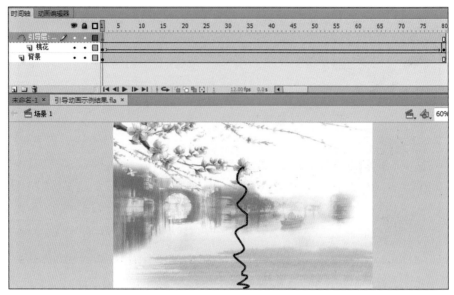

图 10-4　绘制引导线

（6）在"桃花"图层的第 1 帧拖动桃花实例，将其中心对准引导线的起点，在第 80 帧处按 F6 键插入关键帧，并将桃花实例的中心对准引导线的终点。

（7）右击"桃花"图层第 1～80 帧中的任意一帧，在快捷菜单中选择"创建传统补间"选项，制作桃花随风飘落的位移动画，并在"属性"面板中勾选"调整到路径"复选框，使桃花飘落时能随路径改变方向。

（8）锁住"背景""桃花"及其对应的引导层；新建"鱼"图层，将库中"鱼"图形元件拖曳至该层，放置在舞台上方。

（9）右击"鱼"图层，在快捷菜单中选择"添加传统运动引导层"选项，为"鱼"图层添加运动引导层。

（10）选中刚添加的传统运动引导层的第 1 帧，用椭圆工具 ⭕ 绘制笔触颜色为红色、笔触粗细为 2、填充为"无"的椭圆线。之后，用橡皮擦工具将运动引导层中的引导线擦出一个小缺口，如图 10-5 所示，并将引导层延长至第 80 帧。

（11）将"鱼"图层第 1 帧中的鱼的中心对准引导线缺口的一端，在第 80 帧处按 F6 键插入关键帧，并把这帧中鱼的中心对准引导线缺口的另一端。

（12）右击"鱼"图层第 1～80 帧中的任意一帧，在快捷菜单中选择"创建传统补间"选项，为该图层创建第 1～80 帧的传统补间动画，并在"属性"面板中勾选"调整到路径"复选框，使鱼能随路径改变方向。完成后"时间轴"面板和舞台背景如图 10-6 所示。

（13）执行"控制"→"测试影片"→"测试"命令或按 Ctrl＋Enter 组合键，即可观看整个动画的播放效果，然后按 Ctrl＋S 组合键保存文档。

图 10-5　有小缺口的运动引导线

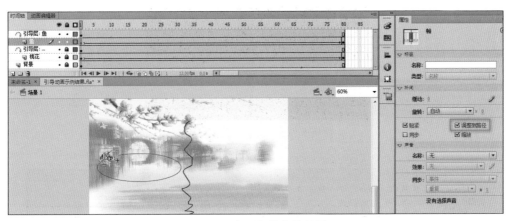

图 10-6　各面板最终效果图

10.2.2　遮罩动画示例

（1）启动 Flash，创建一个新文档，设置背景色为#000033。

（2）将"图层1"更名为"彩条"图层，在第1帧中利用矩形工具绘制
一个笔触颜色为"无"、填充颜色为"七彩色"的矩形，其大小和位置如图 10-7 所示。在第
80 帧处插入关键帧，并将该帧中彩条位置水平右移，位置如图 10-8 所示。创建该图层第
1～80 帧的形状补间动画。

（3）在"彩条"图层上方新建"文字"图层，第1帧中，在舞台中央位置输入文字"爱我
中华"，字体为"隶书"，大小为 120 点，延长该图层至 80 帧。

（4）在"时间轴"面板中，右击"文字"图层，在快捷菜单中选择"遮罩层"选项，将文字
图层设置为遮罩层。

（5）按 Ctrl＋Enter 组合键测试影片，完成后的"时间轴"面板和舞台背景如图 10-9
所示。

图 10-7　动画开始时彩条的位置

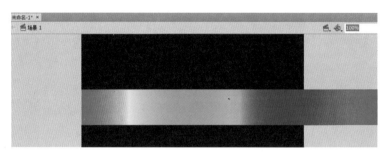

图 10-8　动画结束时彩条的位置

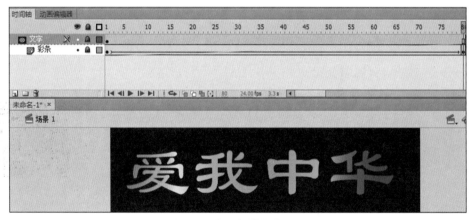

图 10-9　各面板最终效果图

实验 10　Flash 图层特效动画制作

【实验目的】

(1) 了解引导层和遮罩层的作用。

(2) 理解引导路径动画和遮罩动画的原理。

(3) 掌握建立引导层和遮罩层的方法。

（4）熟练掌握引导路径动画及遮罩动画的制作方法。

【实验环境】

（1）网络环境。

（2）多媒体计算机和 Flash。

【实验内容】

启动 Flash，新建一个文档，参照"Flash 图层特效动画制作.exe"效果文件制作如图 10-10 所示作品。

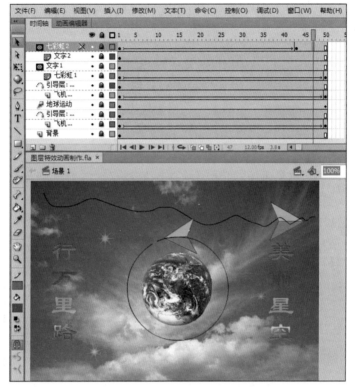

图 10-10 图层特效动画效果图

【实验步骤】

（1）启动 Flash CS6，执行"文件"→"打开"命令，打开"Flah 图层特效动画制作-原始.fla"文件。

（2）在 Flash 工作界面中双击"时间轴"面板左边的"图层 1"，将此图层更名为"背景"。执行"窗口"→"库"命令，调出"库"面板，将库中的"天空.jpg"图片拖入场景，使其居于舞台中央。然后执行"修改"→"文档"命令或按 Ctrl＋J 组合键，在打开的"文档设置"窗口中将文档大小设定成与图片的宽和高一致，并设置匹配为"内容"，使图片正好盖住整个舞台，如图 10-11 所示。

（3）将库中的影片剪辑 star 元件反复拖放至场景中，并利用任意变形工具设置不同的大小、角度和位置，再利用调整"属性"面板→"色彩效果"→"样式"下拉列表中的"色调"选项调整不同的颜色。

（4）在"时间轴"面板的第 50 帧处右击，在弹出的菜单中选择"插入帧"选项，或者选

图 10-11　文档属性设置后的效果图

中第 50 帧,按 F5 键插入普通帧,设定动画播放的帧长。再单击 按钮将"背景"图层
锁定。

(5) 单击"新建图层"按钮 ,在"背景"图层上创建一个新图层,命名为"飞机 1"。将
库中"飞机"图形元件拖动至该层,放置在舞台背景图片中的左上方,选中"飞机"图形元
件并右击,执行"任意变形"命令,调整飞机至适当大小,如图 10-12 所示。

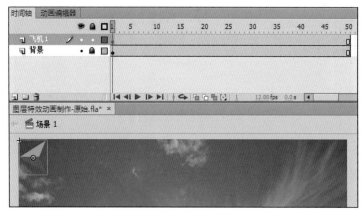

图 10-12　效果图

(6) 执行"修改"→"变形"→"水平翻转"命令,将飞机的头调整为向右。

(7) 执行"修改"→"分离"命令或按 Ctrl＋B 组合键分离飞机元件,然后利用颜料桶
工具 调整飞机元件的颜色,使上部颜色为＃00FFFF,下部颜色为＃6699FF,如图 10-13
所示。

(8) 单击"飞机 1"图层的第 1 帧,选中飞机,执行"修改"→"组合"命令或按 Ctrl＋G
组合键组合已调整好颜色的飞机,并按 F8 键将其转换为元件。

(9) 右击"飞机 1"图层,在快捷菜单中选择"添加传统运动引导层"选项,为"飞机 1"

图 10-13 效果图

图层添加运动引导层。

(10) 选中传统运动引导层的第 1 帧,选择工具箱中的铅笔工具 ,铅笔模式设置为"平滑",笔触颜色设为"黑色"。在舞台上任意绘制一条曲线,这条曲线即"飞机 1"的飞行轨迹,如图 10-14 所示。延长运动引导层至第 50 帧。再单击 按钮将"引导层"图层锁定。

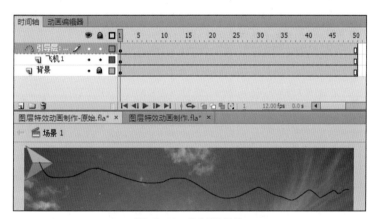

图 10-14 绘制引导线

(11) 在"飞机 1"图层的第 1 帧拖动飞机实例,将其中心对准引导线的起点,在第 50 帧处按 F6 键插入关键帧,并将飞机实例的中心对准引导线的终点。

(12) 右击"飞机 1"图层第 1~50 帧中的任意一帧,在快捷菜单中选择"创建传统补间"选项,制作飞机飞行的位移动画,并在"属性"面板勾选"调整到路径"复选框,使飞机飞行时能随路径改变方向,如图 10-15 所示。

(13) 锁住"背景""飞机 1"及其对应的引导层;新建"地球运动"图层,在此图层的第 1 帧处单击,将库中的"地球"图形元件拖动至该层,放置在舞台正中央。然后右击"地球运动"图层的第 1 帧,在弹出的快捷菜单中选择"创建补间动画"选项。此时将自动出现补间范围,且首关键帧和关键帧后面的普通帧都变为了浅蓝色。右击第 50 帧,在弹出的快捷菜单中执行"插入关键帧"→"旋转"命令,此时其在时间轴中显示为一段具有蓝色背景的帧,且末尾关键帧处有黑色菱形标志。

(14) 在补间动画"属性"面板的"方向"下拉列表中选择"逆时针"选项,在"旋转"右侧

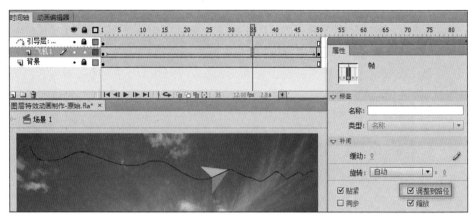

图 10-15 添加引导路径动画后的"时间轴"面板及第 35 帧处的效果

的文本框中输入 1，这样就创建出了让地球逆时针旋转的动画，如图 10-16 所示。再单击
🔒 按钮将"地球运动"图层锁定。

图 10-16 添加"地球运动"图层后的效果

（15）新建"飞机 2"图层，将库中的"飞机"图形元件拖动至该层，放置在舞台的适当
位置。

（16）右击"飞机 2"图层，在快捷菜单中选择"添加传统运动引导层"选项，为"飞机 2"
图层添加运动引导层。

（17）选择刚添加的传统运动引导层的第 1 帧，用椭圆工具 ⬭ 绘制笔触颜色为"黑
色"、笔触粗细为 1、填充为"无"的椭圆线。之后，用橡皮擦工具将运动引导层中的引导线
擦出一个小缺口，并将引导层延长至第 50 帧。

（18）将"飞机 2"图层第 1 帧中的飞机的中心对准引导线缺口的一端，在第 50 帧处按

F6键插入关键帧,并把这帧中飞机的中心对准引导线缺口的另一端。

(19)右击"飞机2"图层第1～50帧中的任意一帧,在快捷菜单中选择"创建传统补间"选项,为该图层创建第1～50帧的传统补间动画,并在"属性"面板勾选"调整到路径"和"同步"复选框,使飞机能随路径改变方向。完成后的"时间轴"面板和舞台背景如图10-17所示。锁定"飞机2"图层。

图10-17 效果图

(20)新建"七彩虹1"图层,在第1帧中利用椭圆工具 ○ 绘制一个笔触颜色为"无"、填充颜色为"七彩色"的椭圆,其大小和位置如图10-18所示,然后按F8键将其转换为"七彩虹1"元件。在第50帧处按F6键插入关键帧,在第1～50帧中的任意一帧右击,在弹出的快捷菜单中选择"创建传统补间动画"选项。

(21)在传统补间动画的"属性"面板的"方向"下拉列表中选择"顺时针"选项,在"旋转"右侧的文本框中输入1,这样就创建出了让七彩色的椭圆顺时针旋转的动画,如图10-18所示。

(22)新建"文字1"图层,在工具栏中选择文字工具 T,在文字工具"属性"面板中设置文字为"垂直",字体设为"隶书",字体颜色任意,字体大小为50点,然后在舞台适当位置输入"行万里路"。然后右击"文字1"图层,在快捷菜单中选择"遮罩层"选项,将"文字1"图层设置为遮罩层,如图10-19所示。

(23)新建"文字2"图层,在工具栏中选择文字工具 T,在文字工具"属性"面板中设置文字为"垂直",字体设为"隶书",字体颜色任意,字体大小为50点,然后在舞台适当位置输入"美丽星空"。

(24)连续按2次Ctrl+B组合键,将文字完全打散,并在工具栏中选择颜料桶工具 ，设置笔触为"无"、填充颜色为"七彩色谱",然后在"美丽星空"文字处按住鼠标左键

图 10-18　效果图

图 10-19　效果图

从上向下拉,将文字填充为七彩色,如图 10-20 所示。

图 10-20 效果图

（25）新建"七彩虹 2"图层,在第 1 帧中利用椭圆工具  绘制一个笔触颜色为"无"、填充颜色为"七彩色"的椭圆,其大小和位置如图 10-21 所示,然后按 F8 键将其转换为"七彩虹 2"元件。在第 43 帧处按 F6 键插入关键帧,并调整"七彩虹 2"元件的大小和位置,如图 10-22 所示。然后在第 1～43 帧中的任意一帧右击,在弹出的快捷菜单中选择"创建传统补间动画"选项,为该图层创建第 1～43 帧的传统补间动画。延长"七彩虹 2"图层至第 50 帧。

图 10-21 效果图

（26）在"时间轴"面板中右击"七彩虹 2"图层,在快捷菜单中选择"遮罩层"选项,将

图 10-22 效果图

"七彩虹 2"图层设置为遮罩层,如图 10-23 所示。

图 10-23 效果图

(27) 执行"控制"→"测试影片"命令或按 Ctrl+Enter 键,观看动画效果。

(28) 保存文件。执行"文件"→"另存为"命令,将动画文件以"学号姓名-实验序号.fla"为文件名保存,并上交到指定文件夹。

(29) 导出影片。执行"文件"→"导出"→"导出影片"命令,将动画文件以"学号姓名-实验序号.swf"为文件名保存,并上交到指定文件夹。

【实验结果和分析】

分析效果图,并将实验中遇到的问题、解决问题的方法以及还需老师讲解的知识点写在实验报告上。

第 11 章　Flash 交互动画制作

11.1　知识要点

在 Flash 动画中,通过添加声音和视频文件及设置各种各样的按钮,并对按钮对象添加脚本,可以实现对动画的交互式控制和丰富动画的内容、增强动画的效果、帮助渲染动画,使其更加生动、有趣。

11.1.1　声音在动画中的应用

声音是影片的重要组成部分,它会使动画更加生动、自然。在 Flash 中,既可以为整部影片加入声音,也可以单独为影片中的某个元件添加声音,还可以对导入的声音文件进行编辑,制作出需要的声音效果。

1. Flash 声音类型

用户可以导入 Flash 中的声音文件格式有 ASND(Windows 或 Macintosh)、WAV (仅限 Windows)、AIFF(仅限 Macintosh)、MP3(Windows 或 Macintosh)。如果系统中安装了 QuickTime 4 或其更高版本,那么还可以导入附加的声音文件格式,例如 AIFF、只有声音的 QuickTime 影片和 Sun AU 等。

【提示】在向 Flash 添加声音前,用户可以考虑使用专业的声音处理软件对音频文件进行处理,如 Cooledit、Adobe Audition、GoldWave 等。

2. 为动画添加声音

为动画添加声音的具体操作方法如下。

(1) 打开素材文件,执行"文件"→"导入"→"导入到库"命令。

(2) 弹出"导入到库"对话框,选择音频文件,单击"打开"按钮。

(3) 新建图层,打开"库"面板,将音频文件拖曳至舞台中,此时即可在图层中添加音频对象。

(4) 选择图层中的任意一帧,在"属性"面板中单击"效果"按钮,在弹出的下拉列表中选择所需的声音效果。

(5) 若要删除音频文件,则可在"属性"面板中单击"名称"按钮,在弹出的下拉列表中选择"无"选项。

3.设置声音效果

用户可以在"属性"面板中选择所需的声音效果,各效果选项的具体含义如下。

(1)无。不对声音文件应用效果。选择此项将删除已经应用的效果。

(2)左声道/右声道。只在左声道或右声道中播放声音。

(3)向右淡出/向左淡出。将声音从一个声道切换到另一个声道。

(4)淡入。随着声音的播放逐渐增加音量。

(5)淡出。随着声音的播放逐渐减小音量。

除了预设的声音效果外,还可以根据需要定义声音的起始点,或在播放时控制声音的音量,还可以改变声音开始播放和停止播放的位置,具体操作方法如下。

(1)在"效果"下拉列表中选择"自定义"选项,或者单击"效果"按钮右侧的"编辑声音封套"按钮 ,弹出"编辑封套"对话框,拖动"开始时间"和"停止时间"控件,即可改变声音的起始点和终止点,如图 11-1 所示。

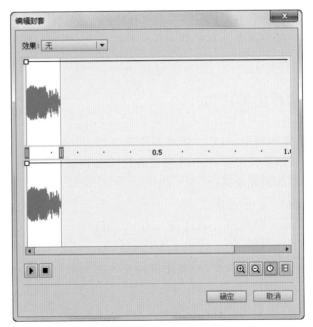

图 11-1　改变起始点和终止点

(2)封套线显示声音播放时的音量,若要更改声音封套,则可拖动封套手柄以改变声音中不同点处的级别,如图 11-2 所示。单击封套线可创建其他封套手柄(最多 8 个);将手柄拖出窗口可以删除封套手柄。

4.设置声音同步选项

在"属性"面板的"声音"组中单击"同步"按钮,在弹出的下拉列表中选择所需的选项,如图 11-3 所示。

各"同步"选项的具体含义如下。

(1)事件。将声音和一个事件的发生过程同步。

(2)开始。与"事件"选项的功能相近,但是如果声音已经在播放,则新声音实例就不会播放。

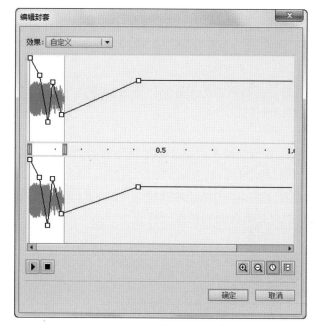

图 11-2　自定义声音效果

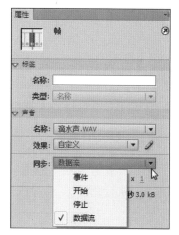

图 11-3　选择"同步"选项

（3）停止。使指定的声音静音。

（4）数据流。同步声音以便在网站上播放。与事件声音不同，音频流随着SWF文件的停止而停止，而且音频流的播放时间绝对不会比帧的播放时间长。

（5）重复。输入一个值，以指定声音应循环的次数。

（6）循环。连续重复播放声音。

5.声音的压缩

若动画中导入的声音文件很大，则有必要将其在Flash中进行压缩，以减小整个影片的大小。

（1）选择压缩选项。

要想压缩声音，可在"库"面板中双击音频文件的图标，此时将弹出"声音属性"对话框，在"压缩"下拉列表中选择所需的选项并进行参数设置，设置完成后单击"测试"按钮播放即可。

（2）ADPCM压缩选项。

ADPCM压缩用于设置8位或16位声音数据的压缩。在导出较短的事件声音（如单击按钮）时，可使用ADPCM设置。在"预处理"选项中勾选"将立体声转换成单声道"复选框，即可将混合立体声转换成单声道。

采样率用于控制声音保真度和文件大小。较低的采样率会减小文件大小，但也会降低声音品质。

（3）MP3压缩选项。

MP3压缩可以以MP3压缩格式导出声音。当导出较长的音频流时，可选择使用MP3选项。若要导出一个以MP3格式导入的文件，则导出时可以使用与该文件导入时相同的设置。使用导入的MP3品质默认设置，这时可勾选"使用与导入MP3品质"复选框。若取消勾选该复选框,则可以进行"比特率"和"品质"设置。

比特率用于确定已导出的声音文件每秒的位数。导出音乐时,为了获得最佳效果,应将比特率设置为 16kb/s 或更高。

(4) Raw 语音和语音压缩选项。

Raw 压缩即原始压缩选项,可根据需要选择所需的采样率。语音压缩选项适合以语音的压缩方式导出声音,建议使用 11kHz 比率。

11.1.2 视频在动画中的应用

在 Flash 中可以插入指定格式的视频文件,这些视频格式包括 FLV、F4V 和 MPEG 视频。若要添加其他格式的视频文件,则应在插入前转换视频格式。

1. 导入本地视频文件

导入本地计算机上的视频的具体操作方法如下。

(1) 执行"文件"→"导入"→"导入视频"命令,如图 11-4 所示。

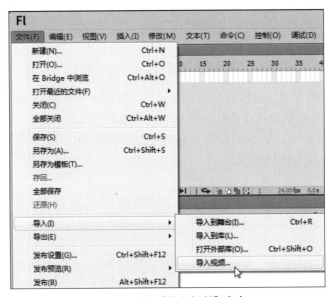

图 11-4　执行"导入视频"命令

(2) 弹出"导入视频"对话框,勾选"在您的计算机上"单选按钮,并勾选"使用播放组件加载外部视频"单选按钮,单击"浏览"按钮,如图 11-5 所示。

(3) 弹出"打开"对话框,选择视频文件,单击"打开"按钮,如图 11-6 所示。

(4) 返回"导入视频"对话框,从中可查看视频文件路径,单击"下一步"按钮,如图 11-7 所示。

(5) 进入"设定外观"界面,单击"外观"按钮,在弹出的下拉列表中选择播放器外观,然后单击"下一步"按钮,如图 11-8 所示。

(6) 进入"完成视频导入"界面,单击"完成"按钮,如图 11-9 所示。

(7) 此时即可将视频文件添加到舞台上,按 Ctrl+Enter 组合键开始播放视频。

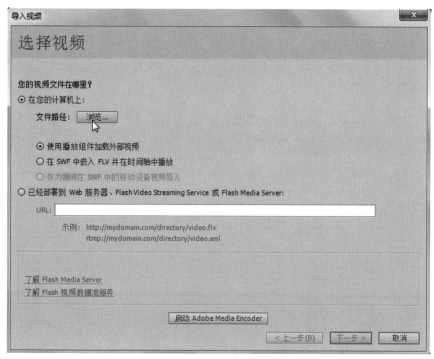

图 11-5 设置导入视频选项

图 11-6 选择视频文件

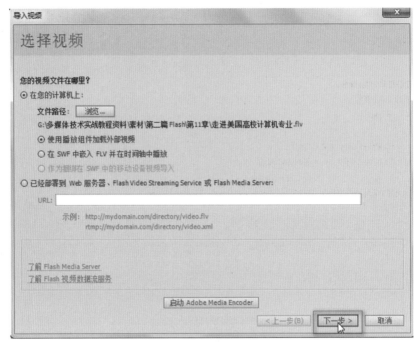

图 11-7　查看视频文件路径

图 11-8　选择播放器外观

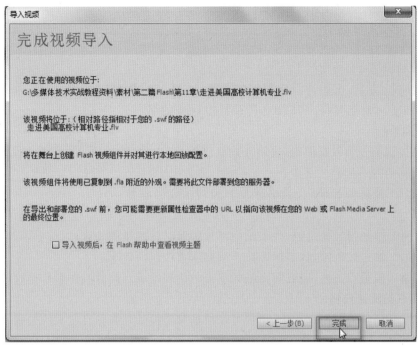

图 11-9　完成视频导入

（8）打开"属性"面板，从中可设置组件属性。取消勾选 autoPlay 复选框可禁用自动播放，如图 11-10 所示。

2. 导入 Web 服务器视频

如果视频文件在 Web 服务器上，则可以将其导入 Flash 动画文件，具体操作方法如下。

（1）打开"导入视频"对话框，勾选"已经部署到 Web 服务器"、Flash Video Streaming Service 或 Flash Media Server 单选按钮，然后输入视频的 URL 地址，单击"下一步"按钮，根据向导进行操作。

（2）视频导入完成后，即可将视频文件添加到舞台中。

（3）若要更改视频路径，则可在"属性"面板中单击

图 11-10　设置"组件"参数

按钮，然后在弹出的对话框中输入新的路径，单击"确定"按钮。

（4）按 Ctrl＋Enter 组合键，查看导入的 Web 服务器视频效果。

3. 在 Flash 文件内嵌入视频文件

用户可以将 FLV 格式的视频文件嵌入 Flash 文件，需在"导入视频"对话框中勾选"在 SWF 中嵌入 FLV 并在时间轴中播放"单选按钮即可，但将导致生成的 SWF 文件较大。视频被放置在时间轴中，可以在此查看在时间轴中显示的单独视频帧。由于每个视频帧都由时间轴中的一个帧表示，因此视频剪辑和 SWF 文件的帧速率必须相同。如果对 SWF 文件和嵌入的视频剪辑使用不同帧速率，则视频播放将不一致。对于短小的视频剪辑（如播放少于 10 秒的），可以将视频嵌入到 Flash 文件中。

11.1.3 按钮的制作

1. 按钮概述

按钮可以使 Flash 影片具有很好的交互性,按钮元件可以被看作是一个 4 帧的影片剪辑,在时间轴上对每一帧给定具有特定含义的名称,如图 11-11 所示。

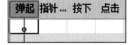

图 11-11 按钮元件的 4 帧

如果按钮前 3 帧没有图像,仅第 4 帧有图像,则它将成为一个透明的隐形按钮。其中:

(1)第 1 帧是弹起帧,代表鼠标没有经过按钮时该按钮的外观;

(2)第 2 帧是指针经过帧,代表鼠标滑过按钮时该按钮的外观;

(3)第 3 帧是按下帧,代表鼠标按下按钮时该按钮的外观;

(4)第 4 帧是点击帧,定义响应鼠标单击的物理区域。此区域在影片播放时不可见。

2. 用户自定义按钮

在 Flash 动画的制作过程中,用户可以根据需要设计并制作自定义的按钮元件,并为按钮添加脚本,以实现交互的功能。设计按钮时,应分别设计其包含的 4 个帧,使得按钮在不同的状态具有不同的外观。有时还需要融合多个图层,以打造出美观精致的效果。

3. 公用库按钮

除了用户自定义按钮之外,Flash 还提供了按钮公用库供用户使用。执行"窗口"→"公用库"→Buttons 命令,就可以打开按钮的公用库,公用库中包含十几个类别的上百种按钮,用户只需将按钮拖动至舞台上即可使用。与此同时,被使用的公用库按钮元件也会被保存到当前文档的库中。通过双击"库"面板中的按钮元件还可以进入按钮的编辑状态,用户可以根据需要修改从公用库中取出的按钮元件,例如将按钮上默认的文字"Enter"修改为"play"或"播放"等。

11.1.4 "动作"面板的使用

在 Flash 中编写程序,首先要进入它的编程环境——"动作"面板。执行"窗口"→"动作"命令或按 F9 键打开"动作"面板,如图 11-12 所示。

"动作"面板由 3 部分构成,右边是脚本语言编辑窗格,这里是输入代码的区域。左侧上半部分是动作工具箱,包含全局函数、ActionScript 2.0 类、全局属性、运算符、语句、编译器指令、常数、类型、否决的、数据组件、组件、屏幕、索引等类别,每类中又包含许多分类,每个分类下又包含若干语句。这些语句可以通过双击或拖曳添加到脚本语言编辑窗格中。左侧下半部分是脚本导航器,凡是文件中添加了代码的帧、影片剪辑元件或按钮元件都会显示在这里,单击其中的某个对象就会在脚本语言编辑窗格中显示对应的代码。

图 11-12　动作面板

11.1.5　ActionScript 动作脚本

ActionScript 作为一种语言,也有属于自己的书写规则和语法。

1. ActionScript 书写规则

(1) 区分大小写。在 ActionScript 中是区分大小写的。

(2) 分号。用来表示每一句语句的结束。

(3) 大括号。一段完整的代码需要放置在{}中,用{}可以将语句分成若干部分。

(4) 圆括号。用来为函数传递参数。例如,GotoAndPlay(1)表示跳转到第 1 帧播放。

(5) 下画线。用来表示属性。例如,my_mc._height 表示影片剪辑 my_mc 的高度。

(6) 点语法。在 ActionScript 中,点有以下两种作用。

① 使用点语法(.)访问对象的属性和方法。例如,舞台中有一个名为 my_mc 的影片剪辑,下面的两条语句就指定了该影片剪辑的位置属性,即 X 轴坐标和 Y 轴坐标。

```
my_mc._x=100;
my_mc._y=200;
```

下面的两条语句则表明了该影片剪辑的停止和播放的方法。

```
my_mc._x.stop();
my_mc._x.play();
```

② 使用点语法(.)表示路径。这时的点符号相当于文件系统中的目录分隔符"/"。在 ActionScript 2.0 中,主时间轴或舞台被写为_root。如果舞台上有一个名为 my_mc 的影片剪辑,该影片剪辑中又包含另一影片剪辑 my1_mc,则影片剪辑 my1_mc 的路径应该表示为_root. my_mc. my1_mc。

(7)注释。用来解释和说明语句的作用,本身不被执行。注释有两种,一种是单行注释,以//开始到本行末尾;另一种是多行注释,以/*开头,以*/结束。

2. ActionScript 语法

(1)数据类型。ActionScript 中的数据类型主要有数值型、字符串型、布尔型等,各个数据类型是可以互相转换的。

(2)常量。在程序运行过程中,值保持不变的量称为常量。

(3)变量。变量不是一个固定的值,它就像是一个存储信息的容器。在程序中,要先声明一个变量,再使用这个变量,例如,var a;。

(4)运算符。运算符是对一个或多个数据进行操作以产生运算结果的符号。运算符有很多种类,包括赋值运算符、算术运算符、字符串运算符、比较运算符、逻辑运算符等。

(5)函数。在编写程序时,可以将一个较大的程序分成若干个程序块。这些能够完成某些特定功能的程序块称为函数。编写好的函数可以在任何地方被调用,从而大大提高编程效率。

(6)程序结构。程序结构体现了问题之间的逻辑关系。在处理问题时必须使用恰当的程序结构。程序结构主要有三种:顺序结构、选择结构和循环结构。

顺序结构是程序中使用得最多的程序结构,是指从第一条脚本语句开始,按顺序执行,直至最后的语句。顺序结构比较简单,只能编写一些简单的动作脚本,解决一些简单的问题。

选择结构是指在程序中加入条件判断,根据条件判断结果执行不同的动作。选择结构中常用的条件结构 if 有以下几种常用的形式。

```
if(条件){
代码段 1
}
```

在上面的结构中,当满足条件时,执行代码段。

```
if(条件){
代码段
}else{
代码段 2
}
```

在上面的结构中,当满足条件时执行代码段 1,不满足条件时执行代码段 2。

循环结构是指通过一定的条件控制动作脚本中某一语句块反复执行,当条件不满足时就停止循环。循环结构有两种形式,分别是 for 循环和 while 循环。

for 循环的用法如下。

```
for(表达式 1;条件表达式;表达式 2)
```

```
{
代码段
}
```

其中,表达式1是一个在开始循环前要计算的表达式,通常为赋值表达式。条件表达式是一条计算结果为 True(真)或 False(假)的表达式。在每次循环前计算该条件,当条件的计算结果为 True 时执行循环,当条件的计算结果为 False 时退出循环。表达式2是一个在每次循环迭代后要计算的表达式,通常使用带++(递增)或——(递减)运算符的赋值表达式表示。

for 语句的执行过程是先计算"表达式1"的值,然后判断"条件表达式"的值是 True(真)还是 False(假),如果是 True,那么执行循环体中的代码块,执行完以后,再执行"表达式2",接着开始新一轮的循环;如果是 False,则跳出循环,执行 for 语句的后继语句。

while 循环的用法如下。

```
while(条件)
{
代码段
}
```

while 语句的执行过程是只要条件为真,就一直执行代码段,直到条件为假时跳出循环。

3. ActionScript 交互动画制作

(1) 脚本添加的对象。

脚本添加的对象可以是帧、按钮元件和影片剪辑元件。

① 若是为关键帧添加动作,则在选中帧后,只需双击动作工具箱中所需的动作,即可将动作添加到脚本编辑区中。

② 若是为按钮添加动作,则在添加动作到脚本编辑区之前,需要通过动作工具箱中影片剪辑控制类中的 on 语句指定触发该动作的鼠标或键盘事件,格式如下。

```
on(鼠标或键盘事件){
    动作脚本
    }
```

鼠标或键盘事件主要有以下 8 种。

- on(press)表示按下鼠标键时的状态。
- on(release)表示鼠标在按钮按下然后松开鼠标时就发生事件。
- on(rollOver)表示鼠标在按钮滑过时就发生事件。
- on(rollOut)表示鼠标指针离开按钮区域就发生事件。
- on(dragOver)表示当鼠标激活按钮,单击拖过按钮有效区域时发生事件。
- on(dragOut)表示当鼠标激活按钮,单击拖出按钮有效区域时发生事件。
- on(keyPress)表示按下键盘上的某键时发生事件。
- on(releaseOutside)表示使用鼠标指向按钮并在单击后松开左键离开按钮区域时发生事件。

其中 on(press)和 on(release)的作用相似，都是在用户单击按钮时触发动作，但 on(press)比较敏感，轻轻一按，脚本立刻就被执行了，如果用户发现按错，也无法撤销。而当使用 on(release)时，一旦用户发现按错了，可以按住鼠标键不放，将鼠标指针移动到按钮区域之外释放，脚本就不会被执行，是比较人性化的按钮行为。

③ 若是为影片剪辑添加动作，则在添加动作到脚本编辑区之前，需要通过工具箱中影片剪辑控制类中的 onClipEvent 语句指定触发该动作的事件，格式如下。

```
onClipEvent(事件){
    动作脚本
    }
```

影片剪辑的事件主要有以下 9 种。

➢ onClipEvent(load)表示影片剪辑被实例化并出现在时间轴中。

➢ onClipEvent(unload)表示从时间轴中删除影片剪辑。

➢ onClipEvent(mouseUp)表示当释放鼠标左键时启动此动作。

➢ onClipEvent(mouseDown)表示当按下鼠标左键时启动此动作。

➢ onClipEvent(mouseMove)表示每次移动鼠标时启动此动作。

➢ onClipEvent(enterFrame)表示以影片帧频不断地触发此动作。

➢ onClipEvent(keyUp)表示当释放键盘上某个键时启动此动作。

➢ onClipEvent(keyDown)表示当按下键盘上某个键时启动此动作。

➢ onClipEvent(data)表示当在 loadVariables 或 loadMovie 动作中接收数据时启动此动作。

（2）**ActionScript 中的常用动作。**

① 控制 Flash 影片的停止与播放。在默认情况下，Flash 影片是从头到尾循环播放的。可以通过添加按钮和 ActionScript 代码控制影片的播放和停止。还可以在舞台上放置 Replay 按钮并添加代码，使用时间轴控制类中的 gotoAndPlay 动作，以获得单击该按钮后动画继续播放。

➢ 播放动作代码：

```
On(release){play();
}
```

➢ 停止动作代码：

```
On(release){stop();
}
```

➢ 跳转动作代码：

```
On(release){gotoAndPlay(1);        //跳转到第 1 帧继续播放
}
```

② 控制影片剪辑的属性。

③ 使用影片剪辑处理函数。

11.2 应用实例

11.2.1 按钮动画

(1)启动Flash,创建一个新文档,执行"文件"→"导入"→"导入到舞台"命令,然后在弹出的"导入"对话框中选择"背景.png"文件,单击"打开"按钮,将背景文件导入当前舞台。如果图片大小不合适,则重新设置舞台大小使其和"背景.png"图片大小一致,再在"属性"面板中将其坐标值定为 $X=0$ 和 $Y=0$,使得图片和舞台完全重合,并将"图层1"重命名为"背景",然后在"背景"层第10帧处插入一个普通帧,背景图层就创建完成了,如图11-13所示。

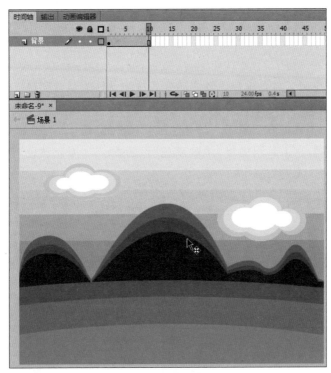

图 11-13　创建背景图层

(2)新建"动画"图层,执行"文件"→"导入"→"导入到舞台"命令,打开"导入"对话框,将"逐帧动画素材\瓢虫1.png"图片文件导入场景,这时系统会弹出一个提示对话框,询问"是否导入序列中的所有图像",单击"是"按钮,Flash系统将自动把图片按序列编号的顺序分配到各个关键帧中,如图11-14所示,"时间轴"面板第1~10帧之间就生成了关键帧。

(3)通过以上操作,虽然所有图片都被导入到了舞台,但这些图片的大小和位置可能不符合要求,因此需要对它们进行变形与对齐操作。执行"窗口"→"变形"命令或按 Ctrl+T 组合键打开"变形"面板,将每一帧瓢虫对象缩小至原来的一半,再执行"窗口"→"对齐"命令或按 Ctrl＋K 组合键打开"对齐"面板,勾选"与舞台对齐"复选框,再分别单击"水平对齐"和"底对齐"按钮,如图 11-15 所示。

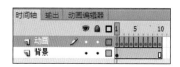

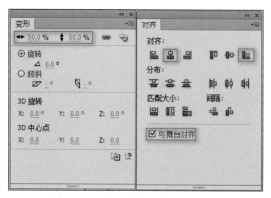

图 11-14　Flash 把图片按顺序分配到各个关键帧中　　　　图 11-15　　"变形"与"对齐"面板

　　(4) 在"库"面板下方单击"新建元件"按钮 □,弹出"创建新元件"对话框,在"名称"文本框中输入"播放按钮",勾选"按钮"单选按钮,如图 11-16 所示。单击"确定"按钮,新建按钮元件"播放按钮",舞台窗口也随之转换为按钮元件的舞台窗口。

　　(5) 此时"时间轴"的标题会显示 4 个标签,分别是"弹起""指针经过""按下"和"点击",分别代表按钮不同的状态效果。选择"按钮"元件的"图层 1",重命名为"圆形",单击"椭圆工具"按钮 ♀,在工具箱中将"笔触颜色"设为"无","填充颜色"设为"蓝色",按住 Shift 键画一个圆形,效果如图 11-17 所示。

图 11-16　创建按钮元件

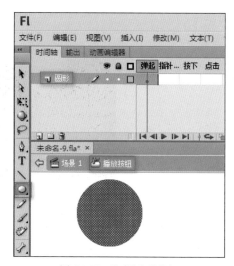

图 11-17　绘制圆形按钮

　　(6) 新建图层并重命名为"三角形",单击"多角星形工具"按钮 ⬡,在工具箱中将"笔触颜色"设为"无","填充颜色"设为"黑色",在"属性"面板的"选项"上设置顶点数为 3,画一个三角形。新建图层并重命名为"文字",图层效果如图 11-18 所示。单击"文本工具"按钮 T,设置合适的字体和大小,输入黑色文字"play",效果如图 11-19 所示。

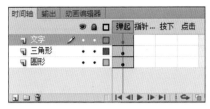

图 11-18　设置按钮弹起事件

图 11-19　按钮弹起状态

（7）选中"圆形"图层，单击标示为"指针经过"的第2帧，按F6键插入关键帧，调整圆形的填充色为红色。选中"三角形"图层，单击标示为"指针经过"的第2帧，按F6键插入关键帧，调整三角形的填充色为橙色。选中"文字"图层，单击标示为"指针经过"的第2帧，按F6键插入关键帧，图层效果如图11-20所示。调整文字的填充色为红色，效果如图11-21所示。

图 11-20　设置按钮经过事件

图 11-21　按钮经过状态

（8）设置点击区域。选中"圆形"图层，单击标示为"点击"的第4帧，按F6键插入关键帧。使用工具箱上的任意变形工具 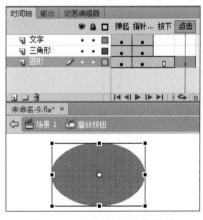 调整圆形区域大小，效果如图11-22所示。"点击"帧绘制的图像在舞台上是不可见的，但它定义了单击按钮时该按钮的响应区域。

（9）单击"时间轴"面板下方的"场景1"图标，进入"场景1"的舞台窗口。单击"时间轴"面板下方的"插入图层"按钮 ，创建新图层并将其命名为"按钮"。选中图层"按钮"的第1帧，将"库"面板中的按钮剪辑元件"播放按钮"拖动到舞台中，并调整按钮元件至适当大小和位置，效果如图11-23

图 11-22　设置按钮单击区域

所示。选中图层"按钮"的第1帧，选中按钮对象，按F9键调出"动作"面板。选择"全局函数"→"影片剪辑控制"→on选项，在弹出的提示列表中双击press按钮将光标置于左大括号"{"的后面，输入play();，如图11-24所示。

（10）选中图层"动画"的第1帧，按F9键调出"动作"面板。选择"全局函数"→"时间轴控制"→stop选项，得到如图11-25所示的效果。

（11）执行"文件"→"导入"→"导入到库"命令，将外部声音"爱拼才会赢.mp3"导入当前影片文档的"库"面板。

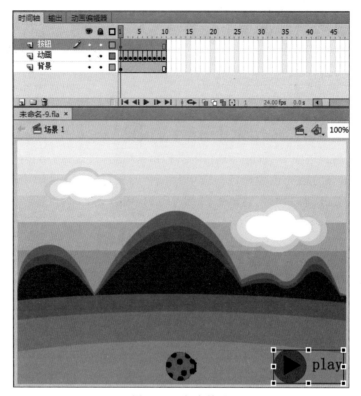

图 11-23　舞台效果

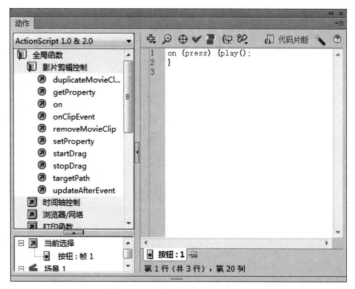

图 11-24　设置按钮单击代码

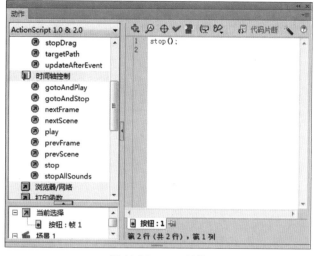

图 11-25　stop 事件

（12）在"时间轴"面板上新建一个图层，并重新命名为"声音"。选择这个图层的第 1 帧，然后将"库"面板中的"爱拼才会赢.mp3"声音对象拖放到场景中，这时在"声音"图层上出现了声音对象的波形。"图层"面板的设置效果如图 11-26 所示。

（13）执行"控制"→"测试影片"→"测试"命令或按 Ctrl＋Enter 组合键，即可观看整个动画的播放效果，然后按 Ctrl＋S 组合键保存文档。

图 11-26　图层的最终设置效果

图 11-27　绘制出一朵花的过程

11.2.2　鼠标跟随动画

（1）启动 Flash，新建一个文档，设置舞台尺寸为 550×400 像素，设置背景颜色为＃000033，其他参数保持默认。

（2）执行"插入"→"新建元件"命令，新建一个名称为 hua 的影片剪辑。

（3）利用椭圆工具 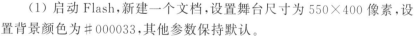 绘制出一朵花，绘制过程如图 11-27 所示。

（4）为花瓣填充颜色，填充样式如图 11-28 所示。

（5）修饰花瓣。将花瓣全部选中，将笔触颜色设置为"无"。执行"修改"→"形状"→"柔化填充边缘"命令，参数设置如图 11-29 所示。利用笔刷工具绘制花蕊。

图 11-28　"颜色"面板

图 11-29　"柔化填充边缘"对话框

(6) 转换为图形元件。选中整个花瓣,按 F8 键将元件名称设置为 hua_1。

(7) 在第 20 帧处插入关键帧,选中第 20 帧处的花,在其"属性"面板中设置"色彩效果"样式为 Alpha,其值为 0%,并且将花横向拖动至适当位置,如图 11-30 所示。

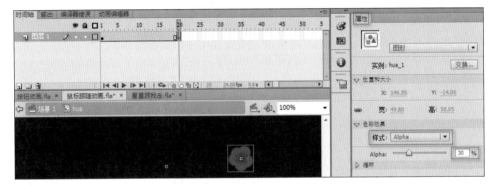

图 11-30　将花移动位置并设置其不透明度(Alpha)值为 30%

(8) 选中第 20 帧,打开"动作"面板,在该帧中加入 stop(停止)命令,如图 11-31 所示。

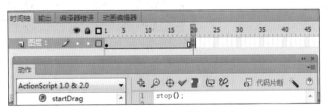

图 11-31　加入 stop(停止)命令

(9) 右击第 1~20 帧中的任意一帧,在弹出的快捷菜单中选择"创建传统补间"选项,如图 11-32 所示。

(10) 返回"场景 1",选中第 1 帧,从"库"面板中把制作好的 hua 影片剪辑元件拖到场景中,就创建了这个影片剪辑的实例,并在"属性"面板中把该影片剪辑的实例名称更改为 h1,如图 11-33 所示。

(11) 用同样的方法再创建 hua 影片剪辑的 4 个实例,实例名称分别为 h2、h3、h4、h5。

(12) 选中第 1 帧,打开"动作"面板,编写以下动作脚本。

图 11-32　创建传统补间动画

```
startDrag("/h1",true);
```

这里的 startDrag("/h1",true)是设置当鼠标指针移动时实例 h1 可以被拖动,即可以跟随鼠标指针运动,如图 11-34 所示。

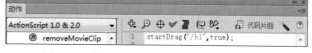

图 11-33　命名影片剪辑实例名称为 h1　　　　图 11-34　设置实例 h1 可以被拖动的动作脚本

(13)在上面为帧编写的动作脚本中,只是实例 s1 跟随鼠标指针运动。为了让其余花也能跟随运动,设计思想如下:让 h2 跟随 h1 运动,h3 跟随 h2 运动,依此类推,一个跟随一个运动。首先,选中舞台中的实例 h2,打开"动作"面板,编写以下动作脚本。

```
onClipEvent (enterFrame) {
    ax=_root.h1._x;
    ay=_root.h1._y;
    bx=_x;
    by=_y;
    cx= (ax-bx) * 0.5;
    cy= (ay-by) * 0.5;
    _x=_x+cx;
    _y=_y+cy;
}
```

其中:

onClipEvent (enterFrame)为事件处理函数,触发影片剪辑实例定义的动作;

_root.h1._x 为影片剪辑实例 h1 的水平坐标位置;

_root.h1._y 为影片剪辑实例 h1 的垂直坐标位置;

_x、_y 为当前影片剪辑实例的水平和垂直坐标值。

上面的脚本实现了 h2 跟随 h1 运动,如图 11-35 所示。

(14)选择舞台中的实例 h3,打开"动作"面板,编写以下动作脚本。

图 11-35　实例 h2 的动作脚本

```
onClipEvent (enterFrame) {
    ax=_root.h2._x;
    ay=_root.h2._y;
    bx=_x;
    by=_y;
    cx=(ax-bx) * 0.5;
    cy=(ay-by) * 0.5;
    _x=_x+cx;
    _y=_y+cy;
}
```

从动作脚本可以看到，与前面那段脚本相比，此段脚本只是在前两条命令中将 h1 修改为 h2，即 h3 跟随 h2 运动，其余命令都是一样的。

（15）其他几个影片剪辑实例也都照这样编写动作脚本，不再一一赘述。

（16）新增一个关键帧，打开"动作"面板，编写动作脚本 gotoAndPlay(1);，如图 11-36 所示。

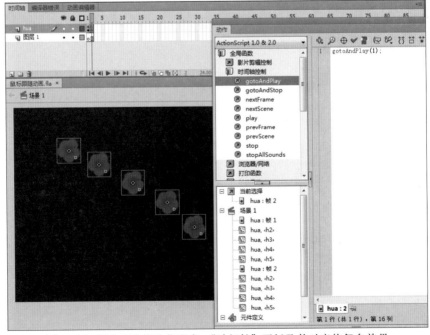

图 11-36　第 2 帧上的动作脚本、"时间轴"面板及其对应的舞台效果

(17) 按 Ctrl＋Enter 组合键测试鼠标跟随效果。

实验 11　Flash 交互动画制作

【实验目的】

(1) 掌握元件与实例的基本概念和操作方法。

(2) 熟悉声音与视频的导入和编辑操作。

(3) 掌握在动画中插入声音和视频的操作方法。

(4) 掌握 Flash 中按钮元件的创建方法。

(5) 掌握 Flash 中交互动画的制作方法。

【实验环境】

(1) 网络环境。

(2) 多媒体计算机和 Flash。

【实验内容】

启动 Flash,新建一个文档,参照"Flash 交互动画制作.exe"效果文件制作如图 11-37 所示作品。

图 11-37　交互动画效果图

【实验步骤】

(1) 启动 Flash CS6,创建一个新文档。

(2) 执行"插入"→"新建元件"命令,打开"创建新元件"对话框,在"名称"文本框中输

入"停止",在"类型"选项中选择"按钮"选项,如图 11-38 所示。单击"确定"按钮自动进入
元件编辑区,在"库"面板中增加了该按钮元件。

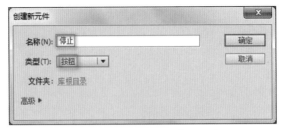

图 11-38 "创建新元件"对话框

（3）选择"图层 1"的"弹起"帧,单击工具箱中的矩形工具，在"属性"面板中设置笔
触颜色为"无",填充颜色为"蓝色"(♯0000ff),矩形边角半径为 15,如图 11-39 所示。

（4）在编辑区绘制一个圆角矩形,如图 11-40 所示。

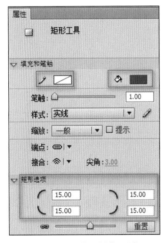

图 11-39 "属性"面板   图 11-40 "弹起"帧的圆角矩形

（5）选中"图层 1"的"指针经过"帧,执行"插入"→"时间轴"→"关键帧"命令,插入关
键帧,然后为该帧中的圆角矩形填充紫色(♯660099)。

（6）选中"图层 1"的"按下"帧,执行"插入"→"时间轴"→"关键帧"命令,插入关键
帧,然后为该帧中的圆角矩形填充绿色(♯00ff00)。

（7）选中"图层 1"的"点击"帧,执行"插入"→"时间轴"→"关键帧"命令,插入关键
帧,然后为该帧中的圆角矩形填充粉色(♯ff00ff)。

（8）执行"文件"→"导入"→"导入到库"命令,打开"导入"对话框,将"声效.wav"声音
文件导入当前影片文档的"库"面板中。然后选择"指针经过"帧,将"库"面板中的"声效.
wav"声音元件拖曳到按钮编辑舞台中。这时,在"时间轴"面板的"指针经过"帧上会出现
声音波形,如图 11-41 所示。

（9）单击"插入图层"按钮，在"图层 1"的上方插入"图层 2"。选择"图层 2"的"弹
起"帧,使用工具箱中的文本工具T在"属性"面板中设置文本类型为"静态文本"、字体为

"隶书"、大小为25、颜色为"黄色"。在编辑区单击,输入文字"停止",并将文字拖曳到合适位置,如图 11-42 所示。

图 11-41 将"声效.wav"拖曳到"指针经过"帧上

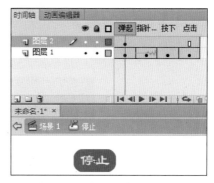

图 11-42 输入文字后的按钮

(10) 单击 场景1 按钮,退出元件的编辑状态,返回场景的舞台。

(11) 执行"窗口"→"库"命令,打开"库"面板,在"库"面板中右击"停止"按钮元件,在弹出的快捷菜单中选择"直接复制"选项,打开"直接复制元件"对话框,在名称文本框中输入"开始",如图 11-43 所示,单击"确定"按钮,这样就在"库"面板中增加了一个"开始"按钮元件。

(12) 在"库"面板中右击"开始"元件,在弹出的快捷菜单中选择"编辑"选项,进入"开始"元件的编辑状态。选择"图层 2"的"弹起"帧,设置文字"停止",修改文字为"开始",如图 11-44 所示。

图 11-43 "直接复制元件"对话框

图 11-44 修改文字后的按钮

(13) 单击 场景1 按钮,退出元件的编辑状态,返回场景舞台。选择"图层 1"的第 1帧,执行"文件"→"导入"→"导入到舞台"命令,打开"导入"对话框,将"背景.jpg"图片文件导入场景,然后调整图片至适当大小和位置,并将"图层 1"命名为"图",并在第 60 帧处按 F5 键插入普通帧,形成动画背景。

(14) 新建"图层 2",并重命名为"遮罩",在第 1 帧的位置绘制一个细长矩形,单击第60 帧,按 F7 键插入空白关键帧,用矩形工具 绘制一个和图像大小一样的矩形,将整个图像全部遮挡,如图 11-45 所示。

(15) 右击"遮罩"图层第 1~60 帧之间的任意帧,在弹出的快捷菜单中选择"创建补

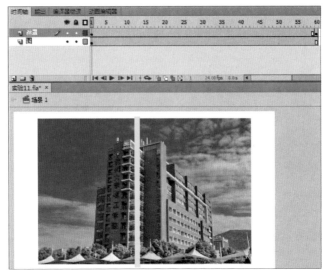

(a) 第1帧的细长矩形

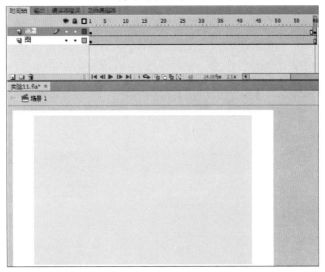

(b) 第60帧的大矩形

图 11-45　"遮罩"层第 1 帧和第 60 帧的矩形

间形状"选项,创建补间形状动画。

　　(16) 在"时间轴"面板中选择"遮罩"图层并右击,在弹出的快捷菜单中选择"遮罩层"选项,将"遮罩"图层转换为遮罩层。

　　(17) 新建"图层 3",选中"图层 3"的第 1 帧,在"库"面板中分别拖动"开始"按钮和"停止"按钮至舞台工作区,如图 11-46 所示。

　　(18) 选择"开始"按钮,执行"窗口"→"动作"命令,打开"动作"面板。选择"全局函数"→"影片剪辑控制"→on 选项,在弹出的提示列表中双击 press 按钮将光标置于左大括号"{"的后面,输入 play();,如图 11-47 所示。

　　(19) 选择"停止"按钮,按 F9 键打开"动作"面板。选择"全局函数"→"影片剪辑控

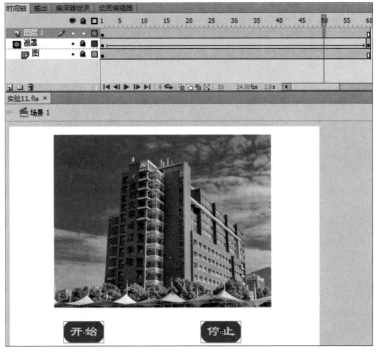

图 11-46 "开始"按钮和"停止"按钮的位置

图 11-47 设置"开始"按钮单击代码

制"→on 选项,在弹出的提示列表中双击 press 按钮将光标置于左大括号"{"的后面,输入 stop();,如图 11-48 所示。

图 11-48 设置"停止"按钮单击代码

(20) 选择"图层 1"的第 1 帧,按 F9 键调出"动作"面板。选择"全局函数"→"时间轴控制"→stop 选项,得到如图 11-49 所示的效果。

图 11-49 stop 事件

（21）执行"控制"→"测试影片"命令或按 Ctrl＋Enter 键，观看动画效果。

（22）保存文件。执行"文件"→"另存为"命令，将动画文件以"学号姓名-实验序号.fla"为文件名保存，并上交到指定文件夹。

（23）导出影片。执行"文件"→"导出"→"导出影片"命令，将动画文件以"学号姓名-实验序号.swf"为文件名保存，并上交到指定文件夹。

【实验结果和分析】

分析效果图，并将实验中遇到的问题、解决问题的方法以及还需老师讲解的知识点写在实验报告上。

第 12 章　动画制作综合应用

一个完整的 Flash 作品所包含的元素较多,需要逐场景、逐层、逐对象地分析。确定动画需要由几个场景构成,每个场景包含哪些对象,进而按照一个对象对应一个图层的原则确定所需的图层数。分析每个图层中的对象是静止的还是运动的,若是运动的,则还要进一步考虑应通过哪种动画形式表现,如逐帧动画、补间形状动画、传统补间动画、补间动画、引导路径动画、遮罩动画。动画可以放在主时间轴上,也可以制作成影片剪辑。必要时还需要添加 ActionScript 脚本,实现交互功能。

12.1　制作简易 Flash 课件

(1) 启动 Flash CS6,创建一个新文档,执行"文件"→"导入"→"导入到库"命令,将"课件背景.png"导入当前库。

(2) 从库中拖动"课件背景.png"到舞台,如果图片大小不合适,则重新设置舞台大小使其和"背景.png"图片大小一致,再在"属性"面板中将其坐标值定为 $X=0$ 和 $Y=0$,使得图片和舞台完全重合,并将"图层 1"重命名为"背景",然后在"背景"层第 60 帧处插入一个普通帧,背景图层就创建完成了,如图 12-1 所示。然后将该文件保存为"制作简易 Flash 课件.fla"。

(3) 执行"插入"→"新建元件"命令,弹出"创建新元件"对话框,在名称栏中输入"第一章",类型设置为"按钮",如图 12-2 所示。

(4) 单击"确定"按钮,进入按钮元件编辑窗口,单击"弹起"帧,使用文本工具创建文本"第一章",并调整文本的大小及颜色;选择"弹起"帧并右击,在弹出的快捷菜单中选择"复制帧"选项,再分别在"指针经过"和"按下"帧上粘贴;将"指针经过"和"按下"两帧对应的文本修改成不同的颜色。"第一章"按钮元件的最终效果如图 12-3 所示。

(5) 重复第(3)步和第(4)步,分别制作出"第二章""第三章"和"第四章"的按钮元件,如图 12-4 所示。

(6) 回到场景编辑状态,新建"按钮"图层,将制作好的按钮元件分别拖动到舞台中,并使用工具箱中的任意变形工具 调整按钮元件的大小,如图 12-5 所示。

(7) 新建"第一章"图层,在第 10 帧处插入空白关键帧。使用工具箱中的文本工具在舞台上输入"C 语言基础知识"文本内容,并调整文本的大小及颜色。在第 19 帧插入空白关键帧,此时舞台效果如图 12-6 所示。

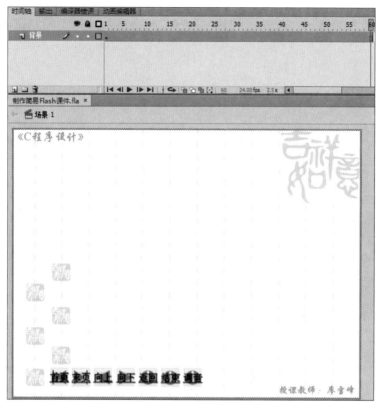

图 12-1　拖动库中背景图片至舞台

图 12-2　"创建新元件"对话框

图 12-3　按钮制作

第12章 动画制作综合应用

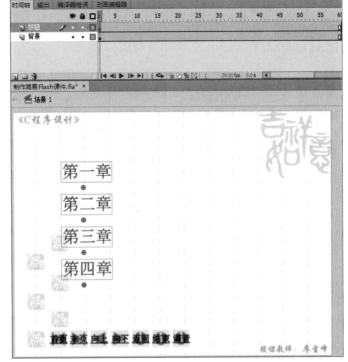

图 12-4 制作四个按钮

图 12-5 拖动按钮到舞台

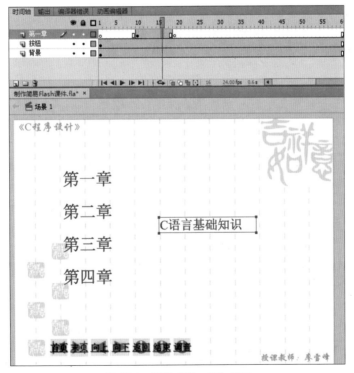

图 12-6 新建"第一章"图层

211

(8) 新建"第二章"图层,在第 20 帧处插入空白关键帧。使用工具箱中的文本工具在舞台上输入"顺序结构程序设计"文本内容,并调整文本的大小及颜色。在第 29 帧插入空白关键帧,此时舞台效果如图 12-7 所示。

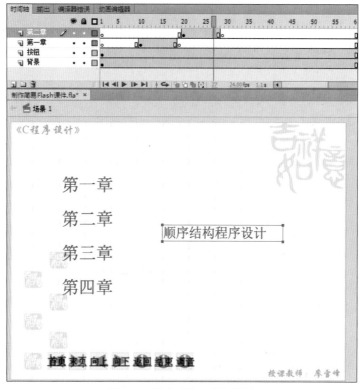

图 12-7　新建"第二章"图层

(9) 新建"第三章"图层,在第 30 帧处插入空白关键帧。使用工具箱中的文本工具在舞台上输入"顺序结构程序设计"文本内容,并调整文本的大小及颜色。在第 39 帧插入空白关键帧,此时舞台效果如图 12-8 所示。

(10) 新建"第四章"图层,在第 40 帧处插入空白关键帧。使用工具箱中的文本工具在舞台上输入"顺序结构程序设计"文本内容,并调整文本的大小及颜色,此时舞台效果如图 12-9 所示。

(11) 新建"脚本"图层,单击第 1 帧,右击后在弹出菜单中选择"动作"选项,打开"动作"面板,为第 1 帧添加动作脚本 stop();,如图 12-10 所示。

(12) 选择"按钮"图层,单击"第一章"按钮实例,打开"动作"面板,添加脚本 on (press){gotoAndStop(10);},如图 12-11 所示。

(13) 选择"按钮"图层,单击"第二章"按钮实例,打开"动作"面板,添加脚本 on (press){gotoAndStop(20);}。

(14) 选择"按钮"图层,单击"第三章"按钮实例,打开"动作"面板,添加脚本 on (press){gotoAndStop(30);}。

(15) 选择"按钮"图层,单击"第四章"按钮实例,打开"动作"面板,添加脚本 on (press){gotoAndStop(40);}。

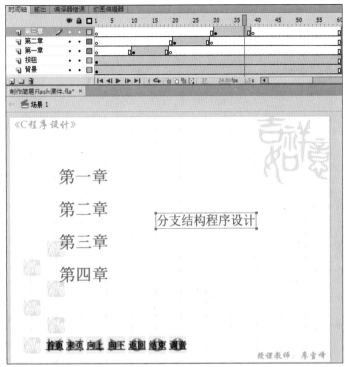

图 12-8 新建"第三章"图层

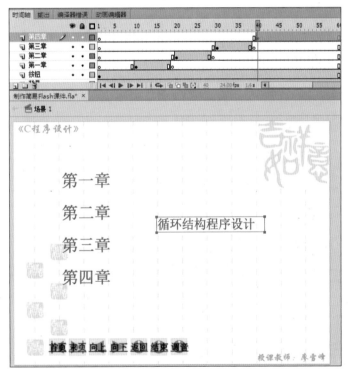

图 12-9 新建"第四章"图层

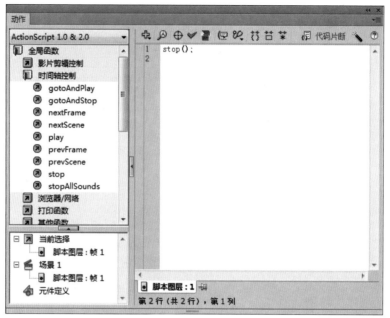

图 12-10　添加动作脚本

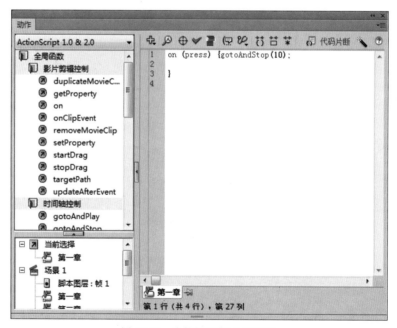

图 12-11　为按钮添加动作脚本

（16）完成后的"时间轴"面板及第 15 帧的舞台效果如图 12-12 所示。

（17）执行"控制"→"测试影片"命令或按 Ctrl＋Enter 组合键，观看动画效果。

（18）执行"文件"→"导出影片"命令导出影片。

（19）执行"文件"→"保存"命令保存文件。

（20）执行"文件"→"发布设置"命令，在弹出的"发布设置"对话框中，选择想发布的

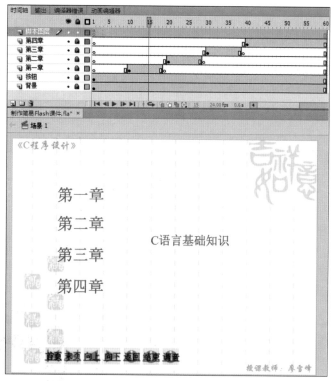

图 12-12　效果图

Flash 类型，并且修改保存的文件名称为"制作简易 Flash 课件"，如图 12-13 所示，然后单击"发布"按钮后再单击"确定"按钮即可发布，也可以执行"文件"→"发布"命令发布。

图 12-13　发布设置

12.2 Flash 动画制作综合实例

(1) 启动 Flash CS6,执行"文件"→"新建"命令,新建一个文档,然后执行"修改"→"文档"命令或按 Ctrl+J 组合键,设置背景颜色为♯333366。

(2) 制作"球体"影片剪辑元件。

① 执行"插入"→"新建元件"命令,打开"创建新元件"对话框,在"名称"文本框中输入"球体",在"类型"选项中选择"影片剪辑"选项,如图 12-14 所示,单击"确定"按钮自动进入元件编辑区。

② 执行"文件"→"导入"→"导入到库"命令,将素材文件夹中的"地球.png"图片导入到库中。

③ 将库中的图片"地球.png"拖曳到编辑区,使用工具箱中的任意变形工具▦调整图片至适当大小,如图 12-15 所示。

图 12-14 "创建新元件"对话框

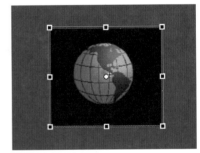

图 12-15 "球体"影片剪辑元件的"图层 1"
第 1 帧中的图片

④ 执行"修改"→"分离"命令或按 Ctrl+B 组合键将实例打散,被打散的实例布满了黑色的小点,然后选中工具箱中的套索工具🔲,单击工具箱下方"选项"区域中的"魔术棒"按钮🔲,选择已打散图片中的背景色后按 Delete 键,可进行去背景色的处理。若还有未删除干净的背景,则可以使用工具箱中的橡皮擦工具🔲擦除地球周围多余的线条。

【提示】以上操作也可以通过执行"修改"→"位图"→"转换位图为矢量图"命令完成。在打开的"转换位图为矢量图"对话框中设置默认值后单击"确定"按钮,接着使用工具箱中的橡皮擦工具🔲擦除地球周围多余的线条以删除图中的黑色背景。

⑤ 选中图形,执行"修改"→"组合"命令或按 Ctrl+G 组合键,将已打散的图片组合,并移动图形使变形参考点与元件中心点重合,然后执行"修改"→"转换为元件"命令或按 F8 键将其转换为元件。

⑥ 右击"图层 1"的第 1 帧,在弹出的快捷菜单中选择"创建补间动画"选项。此时将自动出现补间范围,且首关键帧和关键帧后面的普通帧都变为了浅蓝色。右击第 80 帧,在弹出的快捷菜单中执行"插入关键帧"→"旋转"命令,此时其在时间轴中显示为一段具有蓝色背景的帧,且末尾关键帧处有黑色菱形标志。

⑦ 在补间动画"属性"面板的"方向"下拉列表中选择"逆时针"选项,在"旋转"右侧的文本框中输入1,这样就创建出了让地球逆时针旋转的动画,如图 12-16 所示。

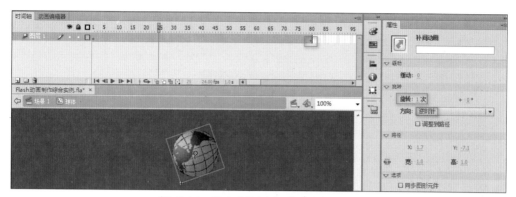

图 12-16 创建"补间动画"后的效果图

⑧ 单击编辑栏中的"场景 1",退出元件的编辑状态,返回到"场景 1"。

（3）制作"文字"影片剪辑元件。

① 执行"插入"→"新建元件"命令,打开"创建新元件"对话框,在"名称"文本框中输入"文字",在"类型"选项中选择"影片剪辑"选项,单击"确定"按钮自动进入元件编辑区。

② 单击工具箱中的椭圆工具 ○,在其"属性"面板中设置笔触颜色为"白色",填充颜色为"无",笔触高度为2,笔触样式为"点状线"。然后按住 Shift 键,在编辑区画一个圆,使用任意变形工具 ▦ 调整圆至适当大小,并移动圆使变形参考点与元件中心点重合,如图 12-17 所示。

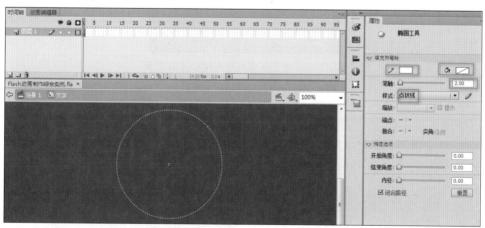

图 12-17 效果图

③ 单击"时间轴"面板下方的"新建图层"按钮 ⬚,在"图层 1"上方新建一个"图层 2"。

④ 选中"图层 2"的第 1 帧,单击工具箱中的文本工具 T,在其"属性"面板中设置字体为"黑体"、大小为 50、颜色为"黄色",在舞台工作区输入"中",并使用任意变形工具 ▦ 将文字移到圆周上,如图 12-18 所示。

⑤ 拖曳变形参考点,使之与元件中心点重合,如图 12-19 所示。

⑥ 执行"窗口"→"变形"命令,打开"变形"面板,设置旋转角度为 45°,如图 12-20 所

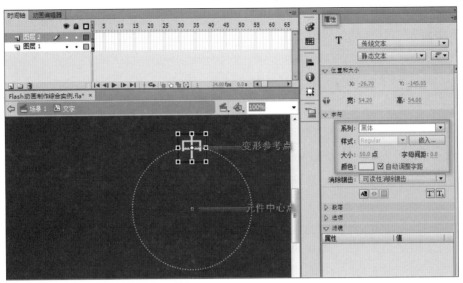

图 12-18　效果图

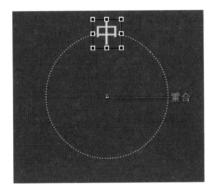

图 12-19　变形参考点与元件中心点重合

示。单击"重制选区和变形"按钮 4 次。

⑦ 修改文字如图 12-21 所示。选中所有文字,按 Ctrl+B 组合键将其打散。然后按 Ctrl+G 组合键将其组合。然后使用任意变形工具 拖动变形参考点,使之与元件中心点重合,并按 F8 键将其转换为图形元件。

图 12-20　"变形"面板

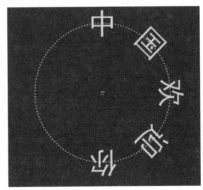

图 12-21　"中国欢迎你"均匀地分布在圆周上

⑧ 选中"图层 1"的第 80 帧,执行"插入"→"时间轴"→"帧"命令或按 F5 键插入帧。

⑨ 选中"图层 2"的第 80 帧,执行"插入"→"时间轴"→"关键帧"命令或按 F6 键插入关键帧。

⑩ 选中"图层 2"的第 1 帧,执行"插入"→"传统补间"命令,在其"属性"面板中,在"旋转"下拉列表中选择"逆时针"选项,将旋转次数设为 1,如图 12-22 所示。

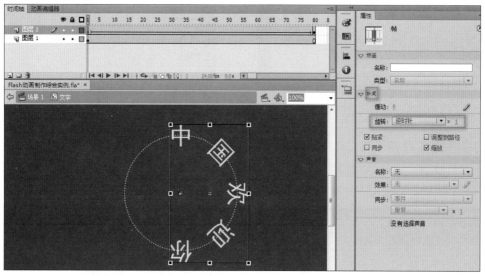

图 12-22　创建"传统补间"动画后效果图

⑪ 单击编辑栏中的"场景 1",退出元件的编辑状态,返回到"场景 1"。

(4) 制作"球体文字"影片剪辑元件。

① 执行"插入"→"新建元件"命令,打开"创建新元件"对话框,在"名称"文本框中输入"球体文字",在"类型"选项中选择"影片剪辑"选项,单击"确定"按钮自动进入元件编辑区。

② 将"图层 1"命名为"球体",并将库中的影片元件"球体"拖曳到编辑区。

③ 在"球体"图层的上方新建一个图层,然后将新建的图层命名为"文字"。将库中的影片剪辑元件"文字"拖曳到编辑区,使用工具箱中的任意变形工具 ▦ 对文字进行变形,并移动文字使变形参考点与元件中心点重合,如图 12-23 所示。

图 12-23　变形后的文字实例

④ 在"文字"图层的上方新建一个图层,然后将新建的图层命名为"遮罩"。使用工具

箱中的椭圆工具 在文字和球体旁绘制一个球体大小的、没有填充色的黑色边框圆,再用矩形工具绘制一个没有边框的黄色矩形,将文字和球体完全覆盖,然后将圆移动到矩形中,如图 12-24 所示。

⑤ 使用工具箱中的线条工具 绘制一条通过圆的直线,如图 12-25 所示。

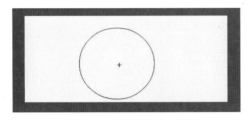
图 12-24　绘制的圆和矩形

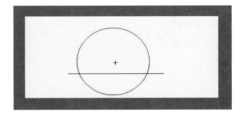
图 12-25　绘制的圆、矩形和直线

⑥ 使用工具箱中的选择工具 选择上半部分圆,按 Delete 键。然后用同样的方法删除所有线条。只显示"遮罩"图层时的效果如图 12-26 所示。3 个图层都显示时的效果如图 12-27 所示。

图 12-26　只显示"遮罩"图层

图 12-27　3 个图层都显示

⑦ 右击"遮罩"图层,在弹出的快捷菜单中选择"遮罩层"选项,这样"遮罩"图层变为遮罩层,"文字"图层自动变为被遮罩层。此时,"遮罩"图层和"文字"图层同时被锁定,如图 12-28 所示。

图 12-28　"球体文字"影片剪辑元件制作完成

⑧ 单击编辑栏中的"场景1",退出元件的编辑状态,返回到"场景1"。

(5)制作"轴"图形元件。

① 执行"插入"→"新建元件"命令,打开"创建新元件"对话框,在"名称"文本框中输入"轴",在"类型"选项中选择"图形"选项,单击"确定"按钮自动进入元件编辑区。

② 选择工具箱中的矩形工具█,设置"笔触颜色"为无。

③ 执行"窗口"→"颜色"命令,打开"颜色"面板,进行颜色渐变设置。选择"线性渐变"类型,在色条中心处通过单击增加一个色块。两边的色块颜色为#609393,中间的色块颜色为"白色(#ffffff)",如图12-29所示。

④ 拖曳鼠标在舞台工作区绘制一个长条矩形,再用工具箱中的任意变形工具██调整矩形至适当大小,并移动矩形使变形参考点与元件中心点重合,如图12-30所示。

⑤ 选择工具箱中的矩形工具█,然后将"颜色"面板两边的色块颜色修改为"黑色(#000000)",再绘制一个小矩形,移至长轴的上方,复制一个小矩形并移至长轴的下方,如图12-31所示。

图12-29 "颜色"面板　　　图12-30 绘制初始轴　　　图12-31 轴的形状

⑥ 同时选中3个矩形,按Ctrl+G组合键将它们组合。

⑦ 单击编辑栏中的"场景1",退出元件的编辑状态,返回到"场景1"。

(6)制作画卷展开动画。

① 执行"文件"→"导入"→"导入到库"命令,将素材文件夹中的"天安门.jpg"图片导入到库中。

② 将"图层1"重命名为"画"。

③ 选中"画"图层的第1帧,将库中的"天安门.jpg"图片拖曳到舞台中,再使用"任意变形工具"调整图片至适当大小并移至舞台中央。

④ 在"画"图层的上方新建一个图层,然后重命名为"左轴"。

⑤ 选择"左轴"图层第1帧,将库中的图形元件"轴"拖曳到舞台工作区中,适当调整其大小并移至中间,如图12-32所示。

图 12-32　第 1 帧中左轴位置

⑥ 在"左轴"图层的上方新建一个图层,然后重命名为"右轴"。

⑦ 选择"右轴"图层第 1 帧,将库中的图形元件"轴"拖曳到舞台工作区中,适当调整其大小并移至中间,如图 12-33 所示。

图 12-33　第 1 帧中左右两轴的位置

⑧ 选中"画"图层的第 50 帧,按 F5 键插入帧。

⑨ 分别选中"左轴"图层和"右轴"图层的第 50 帧并按 F6 键插入关键帧,并分别移动此帧中的轴至左侧和右侧,如图 12-34 所示。

⑩ 分别为"左轴"图层和"右轴"图层的第 1～50 帧创建传统补间动画。

⑪ 按 Ctrl＋Enter 组合键测试影片,关闭测试影片窗口。

⑫ 单击"画"图层,在"画"图层的上方新建一个图层,然后重命名为"遮罩"。

⑬ 锁定除"遮罩"图层外的其他图层。

⑭ 单击"遮罩"图层第 1 帧,使用工具箱中的矩形工具▣绘制一个没有边框、大小为

图 12-34　第 50 帧中左右两轴的位置

两个轴宽的矩形(矩形填充颜色可以是任意的),并将其移到画面中间,如图 12-35 所示。

图 12-35　"遮罩"图层第 1 帧中的矩形

　　⑮ 选中"遮罩"图层的第 50 帧,按 F6 键插入关键帧,使用工具箱中的任意变形工具
将该帧中的矩形横向拉伸直至覆盖整个画面,如图 12-36 所示。

　　⑯ 为"遮罩"图层的第 1～50 帧创建补间形状动画。

　　⑰ 右击"遮罩"图层,在弹出的快捷菜单中选择"遮罩层"选项,这样"遮罩"图层变为
了遮罩层,"画"图层自动变为被遮罩层,此时时间轴的显示如图 12-37 所示。

　　⑱ 按 Ctrl＋Enter 组合键测试影片,关闭测试影片窗口。

　　(7) 制作"球体文字"图层。

　　① 选择"右轴"图层,在"右轴"图层的上方新建一个图层,然后重命名为"球体文字"。

　　② 选中"球体文字"图层的第 51 帧,执行"插入"→"时间轴"→"空白关键帧"命令或
按 F7 键插入空白关键帧,将库中的影片元件"球体文字"拖曳到舞台工作区。使用工具

图 12-36　"遮罩"图层第 50 帧中的矩形

图 12-37　画卷展开动画制作完成

箱中的任意变形工具将其调整至适当大小,并移至舞台右侧(画面外),如图 12-38 所示。

③ 选中"球体文字"图层的第 150 帧,执行"插入"→"时间轴"→"关键帧"命令或按 F6 键插入关键帧,并将球体文字移至舞台工作区左侧,如图 12-39 所示。

④ 为"球体文字"图层的第 51～150 帧创建传统补间动画。

⑤ 按 Ctrl＋Enter 组合键测试影片,关闭测试影片窗口。

(8) 制作"控制按钮"图层。

① 在"球体文字"图层上方新建一个图层,重命名为"控制按钮"。

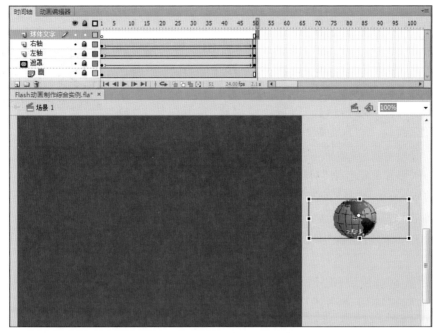

图 12-38　"球体文字"图层的第 51 帧

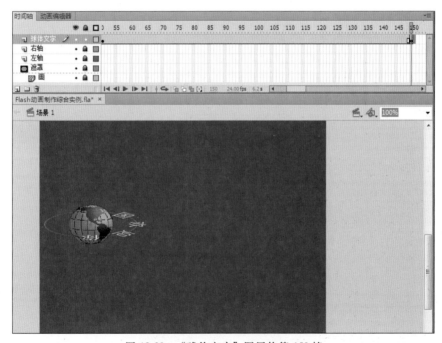

图 12-39　"球体文字"图层的第 150 帧

　② 选中"控制按钮"图层第 51 帧,执行"插入"→"时间轴"→"空白关键帧"命令或按
F7 键插入空白关键帧。

　③ 执行"窗口"→"公用库"→Buttons 命令,打开"外部库"面板,在此面板中双击

classicbuttons 左侧的图标,将该按钮类展开,双击 Circle Buttons 左侧的图标,将该按钮子类展开,如图 12-40 所示。

④ 选择 Circle Buttons 子类中的 Play 按钮,将其拖曳到舞台左下角,选择 Circle Buttons 子类中的 Stop 按钮,将其拖曳到舞台右下角,并对齐这两个按钮,如图 12-41 所示。

⑤ 选中 Play 按钮,执行"窗口"→"动作"命令或按 F9 键打开"动作"面板。在该面板中单击"全局函数"左侧的 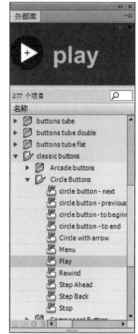 按钮,打开"全局函数"对话框,再单击"影片剪辑控制"左侧的 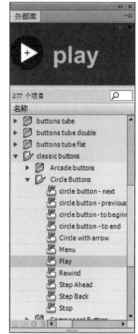 按钮,打开"影片剪辑控制"对话框。双击"影片剪辑控制"函数列表中的 on 函数,选择"释放"事件,如图 12-42 所示。

⑥ 单击"时间轴控制"左侧的 按钮,打开"时间轴控制"对话框。双击"时间轴控制"函数列表中的 play 函数,如图 12-43 所示。

⑦ 选中 Stop 按钮,按 F9 键,在打开的"动作"面板中双击"影片剪辑控制"函数列表中的 on 函数,选择"释放"事件。双击"时间轴控制"函数列表中的 stop 函数,如图 12-44 所示。

(9) 此时,"时间轴"面板及其对应的舞台效果如图 12-45 所示。按 Ctrl+Enter 组合键测试影片,关闭测试影片窗口。

图 12-40 "外部库"面板

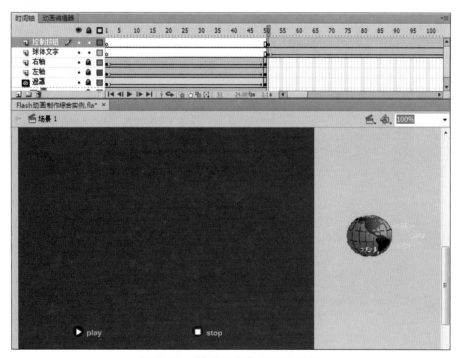

图 12-41 "控制按钮"图层第 51 帧

(10) 制作音乐图层。

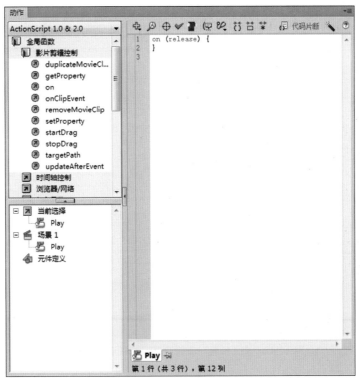

图 12-42 添加 on 函数

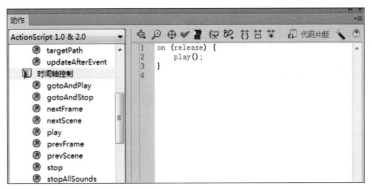

图 12-43 添加 play 函数

图 12-44 添加 stop 函数

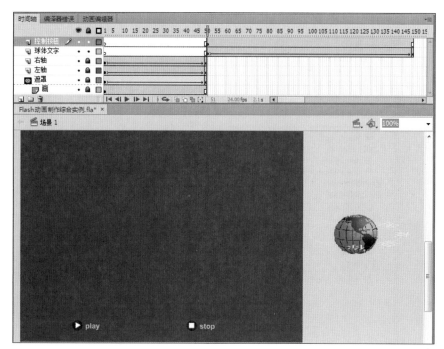

图 12-45　"时间轴"面板及其对应的舞台效果图

① 在"控制按钮"图层上方新建一个图层,重命名为"音乐"。

② 执行"文件"→"导入"→"导入到库"命令,将素材文件夹中的"音乐.mp3"导入到库中。

③ 将库中的"音乐.mp3"拖曳到舞台工作区。

④ 单击"音乐"图层的第 1 帧,在其"属性"面板的"同步"下拉列表中选择"数据流"和"循环"选项,如图 12-46 所示。

图 12-46　"属性"面板

(11) 选中所有图层的第 160 帧,按 F5 键插入帧,如图 12-47 所示。

(12) 执行"控制"→"测试影片"命令或按 Ctrl＋Enter 键,观看动画效果。

(13) 执行"文件"→"导出影片"命令导出影片。

图 12-47　动画制作完成

（14）执行"文件"→"保存"命令保存文件。

（15）执行"文件"→"发布设置"命令，在弹出的"发布设置"对话框中，选择想发布的 Flash 类型，并修改保存的文件名称为"Flash 动画制作综合实例"，然后单击"发布"按钮后再单击"确定"按钮即可进行发布，也可以执行"文件"→"发布"命令执行发布。

实验 12　Flash 综合应用

【实验目的】

（1）熟练使用工具箱中的各种工具。

（2）掌握 Flash 中元件的创建方法。

（3）掌握绘图、动画知识的综合运用。

（4）熟练掌握综合动画的设计。

（5）掌握 Flash 中复杂动画的制作方法。

【实验环境】

（1）网络环境。

（2）多媒体计算机和 Flash。

【实验内容】

参照"Flash 综合应用-四季贺卡.exe"效果文件，先打开"Flash 综合应用-四季贺卡源文件.fla"，然后打开"场景"面板（窗口→其他面板→场景），按如下步骤制作四季贺卡。

（1）春。将"美丽的春天"制作成彩色的闪光字（1～60帧），如图12-48所示。

（2）夏。利用库中的"风车叶"图形元件制作出1～60帧的顺时针转动的风车，将风车拖曳到主场区适当的位置并更改其大小，如图12-49所示。

（3）秋。利用库中的"枫叶"图形元件制作出两片沿曲线飘落的叶子（1～60帧），如图12-50所示。

图 12-48　效果图

图 12-49　效果图

图 12-50　效果图

（4）冬。利用库中的"飞舞的雪花"影片剪辑元件制作出漫天雪花（1～60帧），如图12-51所示。

图 12-51　效果图

（5）设置交互。

① 在"春"场景中添加图层，更名为play，在第1帧处添加脚本stop();，将库中的play按钮元件拖曳至主场景中，单击该按钮播放动画（注意：只用到一帧）。

② 在"冬"场景中添加图层，更名为 replay，在最后一帧处插入空白关键帧，为帧添加脚本 stop()；，将库中的 replay 按钮元件拖曳至主场景中，添加代码实现单击该按钮跳至第 1 帧播放动画（注意：只用到一帧）。

【提示】按钮主要代码：gotoAndPlay("春",1)；。

【实验步骤】

（1）请参考"Flash 动画制作综合实例"或"Flash 综合应用-四季贺卡具体操作讲解视频.mp4"完成以上四季贺卡的制作。

（2）执行"控制"→"测试影片"命令或按 Ctrl＋Enter 组合键，观看动画效果。

（3）保存文件。执行"文件"→"另存为"命令，将动画文件以"学号姓名-实验序号.fla"为文件名保存，并上交到指定文件夹。

（4）导出影片。执行"文件"→"导出"→"导出影片"命令，将动画文件以"学号姓名-实验序号.swf"为文件名保存，并上传到指定文件夹。

【实验结果和分析】

分析效果图，并将实验中遇到的问题、解决问题的方法以及还需老师讲解的知识点写在实验报告上。

第 13 章　Audition 音频处理

13.1　知识要点

Adobe Audition 是一款专业的音频编辑和合成软件,它虽然小巧,但却可以创造出高质量而丰富的音响效果,它可以模拟专业录音棚中的多轨录音机,具有极其丰富的声音处理手段和参数调节功能,是一款集声音录制、编辑处理、混音合成于一体的数字音频软件。

13.1.1　音频基础知识

1. 音频的相关概念

(1) 声音的定义。

声音是因物体的振动而产生的一种物理现象。振动使物体周围的空气扰动而形成声波,声波以空气为媒介传入人们的耳朵,这样就能听到声音了。因此从物理上讲,声音是一种波,通常用随时间变化的连续波形模拟表示。

(2) 音频信号的数字化。

按照声音信号的存储形式,可以把声音分为模拟音频和数字音频。模拟音频转换为数字音频的过程就是音频的数字化。音频信号的数字化就是对时间上连续波动的声音信号进行采样和量化,选用某种音频编码算法对量化的结果进行编码,所得结果就是音频信号的数字形式,即数字音频。

(3) 数字音频的主要参数。

数字音频的主要参数包括采样频率、量化精度、声道数等。例如,当采样频率达到44.1kHz、量化采用 16 位并采用双通道记录时,就可以获得 CD 品质的声音。

2. 常见的音频文件格式

常见的数字音频文件主要有以下几种格式,不同的格式之间可以相互转换。

(1) WAV 格式。WAV 格式是一种通用的音频数据格式,Windows 系统和一般音频卡都支持这种格式文件的生成、编辑和播放。这种格式文件的特点是易于生成和编辑,但在保证一定音质的前提下压缩比不够,不适合在网络上播放。

(2) VOC 格式。VOC 格式的声音文件与 WAV 格式文件同属波形音频数字文件,主要适用于 DOS 操作系统。

（3）AIF 或 AIFF 格式。AIF 格式是音频交换文件格式（Audio Interchange File Format）的英文缩写，它和 WAV 格式非常相似，但远不如 WAV 格式流行。

（4）MP3 格式。MP3 格式文件是对已经数字化的波形声音文件采用 MP3 压缩编码后得到的文件。MP3 的全称是 MPEG Audio Layer-3。MPEG 音频编码具有很高的压缩率，得到的压缩声音质量又较好，所以 MP3 格式是目前很流行的声音文件格式。

（5）MIDI 格式。MIDI 的含义是乐器数字接口（Musical Instrument Digital Interface）。MIDI 文件记录的是 MIDI 消息，它不是数字化后得到的波形声音数据，而是一系列指令。与波形声音文件相比，演奏同样长度的 MIDI 音乐文件比波形音乐文件所需的存储空间要少很多。

（6）WMA 格式。WMA 格式是 Microsoft 公司开发的一种音频压缩格式，其特点是同时兼顾了保真度和网络传输需求。

（7）RA 格式。RA 文件采用流式传输方式，可以边下载边播放，在互联网上非常流行。由于 RA 格式面向的目标是实时的网上传播，所以它在高保真方面不如 MP3 格式。

（8）CD-DA 格式。该格式文件是标准的激光光盘文件，扩展名是 CDA。CD 盘中的音乐一般没有文件名，可以利用某些软件直接播放 CD 上的曲目，也可以用软件进行音轨抓取，转化为 Wave 文件。该格式的文件数据量大，但音质非常好。

13.1.2　Audition 基本操作

1. Audition 操作界面

执行"开始"→"所有程序"→Adobe→Adobe Audition CC 命令或双击桌面上的 Adobe Audition CC 快捷方式启动 Adobe Audition CC 程序，打开如图 13-1 所示的工作界面。

分别单击工具栏上的"波形"按钮和"多轨"按钮可以在"波形编辑器"和"多轨编辑器"之间切换，也可以执行"视图"→"波形编辑器/多轨编辑器"命令进行切换。

在波形编辑器中，只能编辑一段单声道或立体声波形素材。在专业音乐制作的过程中，各个乐器声部（包括人声）都是分轨录制的。当对其中一轨的录音效果不满意时，可以单独修改，甚至删除重录。在多轨状态下编辑时，一般一个波形文件占单独一轨，也可以用鼠标将某轨的波形拖曳到另一轨的波形文件后面，将两个波形合并到同一轨中。Adobe Audition CC 可以将多轨下的多个声音波形混缩合成为一个声音文件。

【提示】多轨模式主要用于协调各个音轨之间的声音，并不能对声音文件进行复杂的编辑工作。如果需要对声音文件进行比较精细的编辑，一般需要切换到单轨视图模式。

2. 基本操作面板的使用

（1）"停止"按钮■。停止正在播放/录音的操作。

（2）"播放"按钮▶。播放目前打开的文件。

（3）"暂停"按钮Ⅱ。暂停录音/播放操作，再次单击此按钮可以继续录音/播放。

（4）"快倒"按钮◀。转到开始或上一个提示处。

（5）"倒带"按钮◀◀。每单击一次向回倒带几毫秒，按住不放可连续回倒。

（6）"进带"按钮▶▶。每单击一次向前进带几毫秒，按住不放可连续进带。

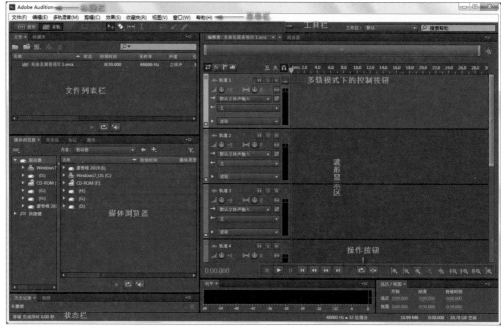

图 13-1　Adobe Audition CC 的工作界面(多轨编辑器)

(7)"快进"按钮 。转到结束或下一个提示处。

(8)"录音"按钮 。单击开始录音。

(9)"循环"播放按钮 。循环播放选中的波形。

(10)"跳过所选项目"按钮 。从播放指针处开始向前播放到乐曲结尾。

(11)"缩放"按钮 。"缩放"按钮主要作用是便于编辑时观察波形变化,单击"缩放"按钮不会影响声音的效果。"缩放"按钮分为"水平缩放"按钮和"垂直缩放"按钮。

(12)多轨模式下的"控制"按钮 。在多轨模式下,每个轨道的左侧都有一组"控制"按钮,用来显示和控制该轨道的属性。最上面的按钮 R、S、M 分别代表录音(Record,录音至该音轨)、独奏(Solo,该音轨独奏)、静音(Mute,该音轨静音)三种状态,可按照需要进行选择。

13.1.3　声音录制技术

1. 录音前准备

(1)执行"开始"→"控制面板"→"调整系统音量"命令或双击任务栏中的扬声器图标 ,打开如图 13-2 所示的"音量合成器"面板,然后根据需要调整音量。

(2)执行"编辑"→"首选项"→"音频硬件"命令,在打开的面板中进行相应的设置。

2. 单轨录音

在调整音量设置后,可以在单轨模式下录制单个音频文件,其操作步骤如下。

(1)新建文件。在单轨界面下,执行"文件"→"新建"→"音频文件"命令,打开如

图 13-2 "音量合成器"面板

图 13-3 所示的"新建音频文件"对话框,在文件名中输入想命名的文件名,选择适当的采样率、声道数和位深度,单击"确定"按钮即可新建一个音频文件。

图 13-3 "新建音频文件"对话框

【提示】对于采样频率的选择,如果录制的是歌曲,则可以选择 44100 Hz 的采样频率,若录制的只是一般语音,则可以选择低一些的采样频率。

(2)录音。单击操作面板上的红色"录音"按钮 开始录音,单击操作面板上的"停止"按钮 结束录音。在录音过程中,也可以单击面板上的"暂停"按钮 暂停录音操作,再次单击此按钮可以继续录音。

【提示】在录音的时候,要注意对录音电平进行调整,声音的电平越高,声音就越清晰。不过,若录音音量太大,则会导致录制的波形成方波,引起声音的失真。所以在录音时,为了让录制的声音尽可能清晰,既需要尽量大的音量,又不能超过系统可以接受的最大音量,这是录音时要严格掌握的尺度。在单轨编辑模式下,波形显示区右侧的标尺用来标记音量大小,在标尺上右击可以选择标记声音幅度大小的单位。一般在录制人声时,声音波形的波峰采样值为 20 000 至 25 000 Hz 是比较理想的。

(3)保存文件。执行"文件"→"保存/另存为/导出"命令保存音频文件,可以保存成 WAV、MP3、WMA 等主流音频格式。

3. 多轨录音

在多轨模式下,可以一边听着伴奏,一边把人声录制在某一条声轨,其步骤如下。

(1)在单轨模式下调整录音电平。

(2)导入伴奏音乐。执行"文件"→"打开/导入"命令,或者在左边的文件列表栏的空白区域右击,选择"打开"或"导入"选项,打开或导入所需要的伴奏音乐文件。伴奏音乐打开后,会出现在文件列表栏中。

(3)在多轨模式下,拖曳伴奏文件到右侧的某一条音轨中(如"音轨 1"中)。若此时还需要调整已插入的伴奏音频波形的位置,则可以通过在音频上按住鼠标右键左右拖曳进行移动。

(4)选择录音轨道。在导入伴奏之后,接下来就可以选择一条音轨(如"音轨 2")作为录音轨道,单击该音轨左侧的 R 按钮,使该音轨处于准备录音状态。

(5)开始录音。单击操作面板上的红色"录音"按钮 ⬤ 开始录音。

【提示】需要注意的是,现在录制的是纯的人声,此时应该戴上耳机以监听伴奏,避免伴奏通过麦克风录入,影响录音效果。

(6)保存文件。执行"文件"→"保存/另存为/导出"命令保存音频文件。

13.1.4 音频编辑技术

1. 单轨音频编辑

用 Adobe Audition 编辑声音与在字处理器中编辑文本相似,都包括复制、剪切、粘贴、撤销、重做等操作,这些操作命令都可以在"编辑"菜单下找到。在对音频进行处理之前,需要先选择所要编辑的波形范围。在对波形进行选取时,可以单击工具栏中的"时间选择工具"按钮 𝕀,在"编辑器"窗口中,在音频波形上拖曳鼠标选定一段波形;也可利用"选区/视图"面板中的"开始""结束"和"持续时间"输入框精确定位选择区;单击则选定整个音频。

2. 多轨音频编辑

在多轨模式下,也可以通过拖曳鼠标选择所需编辑的音频波形,然后对其进行剪切、反向选取、分割等操作,这些操作命令也可以在"编辑"菜单下或右击后在快捷菜单中找到。需要注意的是:在单轨模式下对声音进行的编辑处理一般是具有破坏性的,即直接对音频的源文件进行编辑;而在多轨模式下对声音进行的编辑操作是不具有破坏性的,这种编辑只体现在多轨模式下的变化,并不改变音频源文件的内容。

3. 多轨混音合成

在各单个轨道的音频处理完毕后,还可以在多轨下将多个声音波形混合生成单个声音文件。执行"多轨混音"→"将会话混音为新文件"→"所选剪辑"命令,可以把选中的波形或所有波形混合成一个新的波形文件。然后执行"文件"→"导出"→"多轨混音"→"所选剪辑"命令,在打开的"导出多轨混音"对话框中设置导出文件格式为 MP3,单击"确定"按钮即可完成操作。

13.1.5 音频效果处理

在 Adobe Audition 中,除了可以对声音进行简单的编辑之外,还可以对其进行音效的美化处理。"效果"菜单中包含丰富的音频处理效果,这是 Adobe Audition 的核心部分。但是在对音频进行效果处理时,会涉及许多物理声学方面的专业术语,非音乐专业的人很难弄懂。此时,可以直接选择软件提供的预置模式,同样能生成令人满意的特殊效果。利用"效果"菜单中自带的效果器,可以将声音波形进行上下翻转(反相)、前后方向(倒置)、静音等处理,也可以改变声音的波形振幅、给声音添加混响效果、对声音进行滤波处理、改变声音的音高和速度、对声音进行降噪、移出人声等处理；还有一些特殊效果，如扭曲、多普勒换挡器（处理）、吉他套件、母带处理、响度探测计、人声增强等。利用"剪辑"菜单中的"淡入/淡出"命令，可以调制声音的渐变效果。除了软件自带的音效器外，还可以安装第三方开发的效果器插件给音频添加效果，效果器插件都将显示在"效果"→DirectX菜单下。

13.2　应用实例

13.2.1　音频处理示例1

（1）启动 Adobe Audition CC，执行"文件"→"打开"命令，在弹出的"打开"对话框中选择素材文件夹中的 13-01.mp3 音频文件，如图 13-4 所示。

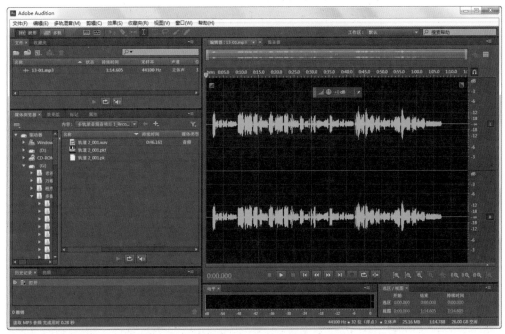

图 13-4　Adobe Audition CC 的工作界面（单轨波形编辑器）

（2）在"编辑器"面板下方的操作按钮中单击"播放"按钮 ▶，欣赏打开的音频文件。

（3）删除静音。

① 手动删除。单击工具栏中的"时间选择工具"按钮 I，在"编辑器"窗口中，在音频波形上拖曳鼠标选定静音区域，然后执行"编辑"→"删除"命令或按 Delete 键即可删除所选静音区域。

② 批量自动删除静音。单击工具栏中的"时间选择工具"按钮 I，在"编辑器"窗口中，在音频波形上拖曳鼠标选定静音区域并右击，在弹出的快捷菜单中选择"静音"选项；执行"效果"→"诊断"→"删除静音（处理）"命令，然后在左侧弹出的"诊断"面板中单击

"扫描"按钮,再单击"全部删除"按钮即可删除所有静音轨道。

【提示】如果一个音频文件听起来断断续续,则可以删除静音,将它变为一个连续的文件。

(4)插入到多轨。执行"编辑"→"插入"→"到多轨会话中"→"新建多轨会话"命令,打开"新建多轨会话"对话框,在此对话框中进行如图 13-5 所示的设置,然后单击"确定"按钮,得到如图 13-6 所示的多轨编辑器窗口。

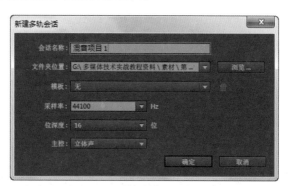

图 13-5　"新建多轨会话"对话框

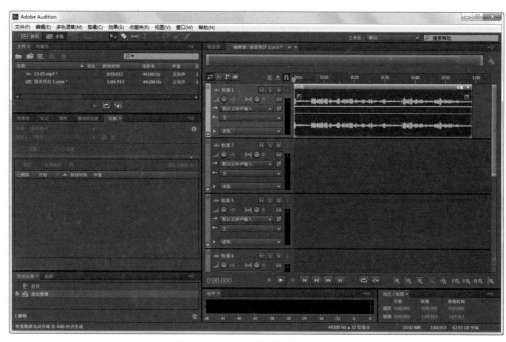

图 13-6　插入音频到多轨编辑器

【提示】默认情况下,音频是插入到多轨编辑器中的第一音轨中的 0.0 秒位置处。

(5)选择音频。单击工具栏中的"时间选择工具"按钮 I,在音频波形上拖曳鼠标选定需要编辑的区域。也可利用"选区/视图"面板中的"开始""结束"和"持续时间"输入框精确定位选择区;单击则选定整个音频,如图 13-7 所示。

(6)切分音频。打开"选区/视图"面板,选取第 10～40 秒音频区域,执行"剪辑"→

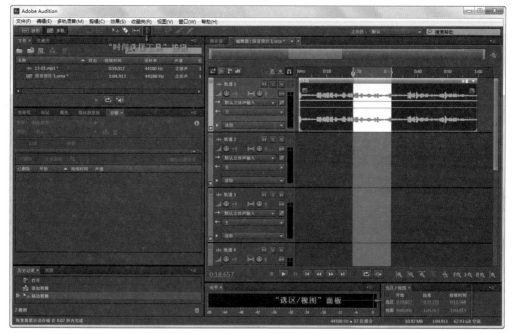

图 13-7　选择音频

"拆分"命令或按 Ctrl＋K 组合键,将该音频切分成 3 个片段,如图 13-8 所示。

图 13-8　切分音频

（7）移动音频。单击工具栏上的"移动工具"按钮 ，可以移动各音频片段到其他位置,如图 13-9 所示。

多媒体应用技术实战教程(微课版)

图 13-9 移动音频

(8) 剪辑分组。按住 Ctrl 键选择所有片段,然后执行"剪辑"→"分组"→"将剪辑分组"命令或按 Ctrl+G 组合键后,所选音频片段被分组,如图 13-10 所示。分组后拖曳任一片段,其他片段会一起移动;同时,所有片段相对的时间位置和音轨位置始终保持不变。若想取消分组,则执行"剪辑"→"分组"→"取消分组所选剪辑"命令即可。

图 13-10 剪辑分组

(9) 锁定音频。按住 Ctrl 键选择所有片段,然后执行"剪辑"→"锁定时间"命令,即可锁定各音频片段的位置,如图 13-11 所示。再次执行"剪辑"→"锁定时间"命令,即可取消锁定音频操作。

图 13-11 锁定音频

(10) 合并音频。将上述切分的音频片段按原来的顺序移动到一起,首尾相连,并按住 Ctrl 键选择所有片段,执行"剪辑"→"合并剪辑"命令,实现音频的合并操作。

(11) 包络编辑。在多轨编辑器中可以对音频进行包络编辑。包络编辑主要分为音量包络编辑和声像包络编辑,如图 13-12 所示。

① 音量包络编辑是最常用的一种声音包络,它可以控制音乐播放中音量的变化。在默认情况下,音量的包络线是一条平直的直线。通过单击这条线可以添加一些控制点,通过拖动控制点进行音量的包络设置。

② 声像包络编辑与音量包络编辑非常类似,它能够灵活地控制不同地方的不同声像变化。声像包络线在默认情况下也是一条平直的直线,同设置音量的包络线一样,可以通过选取一些控制点,然后用鼠标拖动这些控制点调整包络线以进行声像的包络设置。

③ 单击"播放"按钮 ▶ 试听一下效果。

④ 执行"视图"→"显示编辑音量包络"命令可显示音量包络线,再次执行一次,则可以隐藏包络线,如果要删除包络线上的控制点,只要单击控制点并按 Delete 键即可。

⑤ 执行"视图"→"显示编辑声像包络"命令可显示声像包络线,再次执行一次,则可以隐藏包络线,如果要删除包络线上的控制点,只要单击控制点并按 Delete 键即可。

(12) 双击最后生成的音频文件,切换到单轨波形编辑界面,进一步改进声音效果,以达到完美的输出效果。

(13) 音频增幅。选择音频文件所需增幅的波形,执行"效果"→"振幅与压限"→"增幅"命令,打开如图 13-13 所示的对话框。在对话框中改变选中波形的振幅,勾选"链接滑

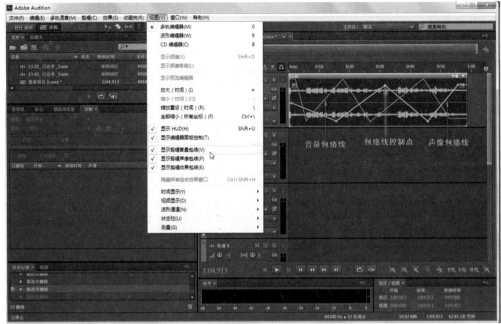

图 13-12　包络编辑

块"复选框,然后单击"应用"按钮完成设置。播放试听一下效果。

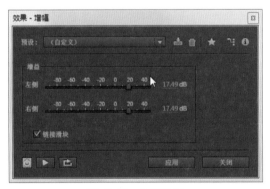

图 13-13　音频增幅

(14) 回声效果。选中整个音频文件,执行"效果"→"延迟与回声"→"回声"命令,在如图 13-14 所示的对话框中按个人喜好设置参数值,单击"应用"按钮完成设置。播放试听一下效果。

【提示】其他效果都可以尝试操作,然后播放试听效果,调整到满意为止。

(15) 执行"文件"→"保存/另存为/导出"命令保存音频文件到指定文件夹。

13.2.2　音频处理示例 2

(1) 素材准备。找一张含有自己喜欢的乐曲的 CD,根据选择的乐曲的长度准备一篇文章,使得朗诵文章所用的时间小于乐曲的长度。

图 13-14 设置 "回声" 效果

（2）录音前的准备。在录音前先要对声卡进行简单的录音设置。

（3）启动 Adobe Audition CC，单击"查看波形编辑器"按钮 ⊞ 波形 ，进入单轨波形编辑界面。

（4）从 CD 中摘录音乐文件作为伴奏乐曲。将准备好的 CD 放入光驱，然后执行"文件"→"从 CD 中提取音频"命令，打开"从 CD 中提取音频"对话框，在此对话框中选择所需的乐曲，单击"确定"按钮，完成摘录工作。将摘录的音频以 13-02.mp3 为文件名保存在指定文件夹。

【提示】如果实验条件有限，所使用的计算机没有配备光驱，则伴奏乐曲可用素材文件中的 13-02.mp3 文件代替。

（5）执行"编辑"→"插入"→"到多轨会话中"→"新建多轨会话"命令，将摘录的音频文件插入到多轨编辑界面的"轨道 1"中，并确认音频文件插入到"轨道 1"中的 0.0 秒位置处，如图 13-15 所示。

（6）录音。在多轨编辑界面中，选择"轨道 2"并单击该轨道中的 R 按钮 ，在"轨道 2"中准备录制用户朗诵的声音。单击 R 按钮后，再单击"编辑器"面板下方的红色"录音"按钮 ，跟随伴奏乐曲开始录音。录制声音结束后再等待几秒钟，录制一段环境噪音，为后期采样降噪获取样本。单击"停止"按钮 ■ 结束录音，如图 13-16 所示。右击伴奏乐曲，在弹出的快捷菜单中选择"静音"选项。单击"播放"按钮 进行试听，检查录制的声音有无严重的错误，是否要重新录制。检查确认无误后双击录制的音频文件，进入单轨波形编辑界面，将音频以 13-02ly. mp3 为文件名保存在指定文件夹。

（7）降噪。在单轨波形编辑界面中放大波形，选中一段刚录制的纯噪音，时间长度不少于 0.5 秒。然后执行"效果"→"降噪/恢复"→"降噪处理"命令，打开"降噪"对话框，在此对话框中单击"捕捉噪声样本"按钮进行噪音采样。然后单击"选择完整文件"按钮对整个音频文件进行降噪处理，如图 13-17 所示。最后单击"应用"按钮，系统就开始自动清

图 13-15 插入到多轨会话后的效果图

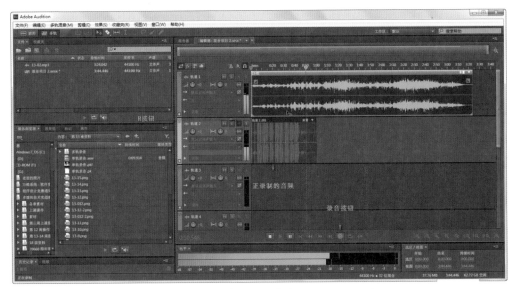

图 13-16 录音

除噪声了。

(8)降噪处理结束,试听确认无误后,对录制的音频文件按照自己的喜好制作一些效果,例如回声、淡入/淡出等。对自己录制的音频文件的效果满意后,切换到多轨编辑界面。

(9)选择伴奏乐曲音频,然后执行"剪辑"→"静音"命令或者右击伴奏乐曲音频,在弹出的快捷菜单中选择"静音"选项,即可取消伴奏乐曲的静音设置。

(10)试听满意后,执行"文件"→"导出"→"多轨混音"→"整个会话"命令,将所有音频文件合成在一起,最后将结果文件保存到指定文件夹。

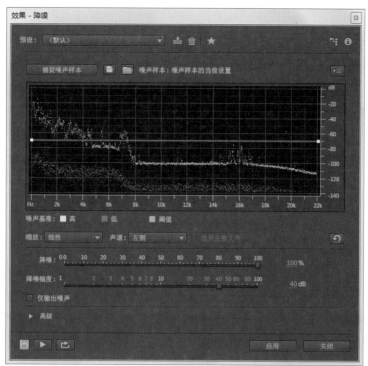

图 13-17   效果-"降噪"对话框

实验 13   Audition 音频处理综合应用

【实验目的】

（1）熟悉 Adobe Audition 的工作界面。

（2）掌握 Adobe Audition 对音频进行编辑的基本方法。

（3）掌握 Adobe Audition 对音频进行效果处理的基本方法。

（4）掌握利用 Adobe Audition 从 CD 中摘录音乐文件的方法。

（5）掌握利用 Adobe Audition 对所录制的音乐进行降噪处理的方法。

（6）掌握利用 Adobe Audition 进行音频处理的基本思路、过程和技巧。

【实验环境】

（1）网络环境。

（2）多媒体计算机和 Adobe Audition。

【实验内容】

给一组视频画面添加不同风格和效果的背景音乐，并选择某段视频录制旁白，具体条件如下。实验所用的素材可以自己准备并存放在"实验13"文件夹中。

（1）在本实验中，声音的播出处于从属配合的地位，要求结合视频画面效果确定音频文件的内容和播放时间的长短。

（2）自己录制视频或根据给出的视频素材设计相应的音频素材。

① 为每段视频配置不同的背景音乐,同时选择视频中的某个片段根据画面录制旁白,内容自选。

② 对第一段音频的第 1 秒做淡入处理,对第三段音频的最后 1 秒做淡出处理。

③ 当切换不同的视频时,切换相应的背景音乐。

④ 不同的音乐切换时做淡入淡出、交叉过渡效果处理,交叉重叠时间为 1 秒。

【实验步骤】

(1) 准备素材。视频素材可以自己拍摄,音频素材的来源可以根据视频内容从 CD 唱片上摘录,也可以根据个人爱好从网络上下载所需要的素材文件,还可以利用已提供给大家的素材(在"实验 13"素材文件夹中给出了一段符合上述要求的视频文件 13-sp.mp4,并给出 3 首乐曲以供实验备用)。

(2) 素材剪切。在 Adobe Audition 中将视图切换到单轨波形编辑界面,打开 13-cd1.mp3,试听一下乐曲,然后选中与视频素材内容相协调的 5 秒长度的波形区域,执行"编辑"→"复制到新文件"命令,将 5 秒长度的波形部分复制为一个新文件,然后执行"文件"→"另存为"命令,将波形另存为 13-cd1j.mp3,再将其他两段音频素材依次处理,并分别另存为 13-cd2 j.mp3、13-cd3 j.mp3,其中 13-cd2 j.mp3 的播放时间为 60 秒,13-cd3 j.mp3 的播放时间为 5 秒。

【提示】在制作过程中,要时刻注意保护原始素材,不可轻易删除或覆盖原始素材,以防后面的编辑制作过程出现失误,这些原始素材可以为迅速恢复工作提供帮助。

(3) 为第二段视频录制旁白。

① 将视图切换到多轨编辑界面,并以 13-ly.sesx 为文件名保存在指定文件夹。

② 在窗口右上方的"工作区"下拉列表中选择"编辑音频到视频"选项,如图 13-18 所示。

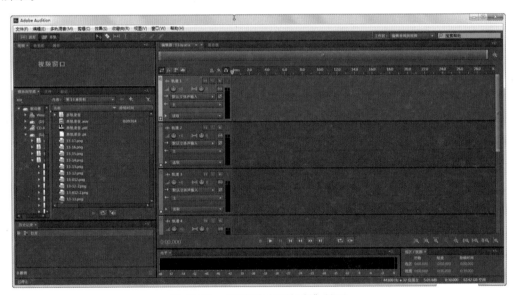

图 13-18　"编辑音频到视频"界面

③ 执行"文件"→"导入"命令,导入 13-sp.mp4 视频文件。

④ 将视频文件拖曳到音频编辑区,此时在"轨道1"的上方会增加一条视频轨道,调整视频文件的位置,使其插入到视频轨道的0.0秒处。

⑤ 拖曳音频文件13-cd2j.mp3到"轨道1"中,并将它的起始位置设置在4秒处。

⑥ 单击"播放"按钮,检查第二段音频和视频之间是否同步播放。

⑦ 选择"轨道2"并单击该轨道中的R按钮,在"轨道2"中准备录制用户朗诵的旁白。

⑧ 利用以上音频处理示例2中介绍的方法为第二段视频录制配乐旁白。将录制的旁白存放在指定文件夹,文件名为13-ly.mp3。

(4) 编辑音频,滤除旁白中的环境噪音。在单轨波形编辑界面中打开13-ly.mp3,选中波形中录制的几秒环境噪音,然后执行"效果"→"降噪/恢复"→"降噪处理"命令,清除环境噪声。同时执行"编辑"→"修剪"命令,将旁白长度剪切到和视频一样长的60秒。最后将其以13-lynew.mp3为文件名保存到指定文件夹。

(5) 加入特殊效果。切换到多轨编辑界面,在各轨道中安排好音/视频文件,其中视频文件13-sp.mp4的起始位置为0.0秒,音频文件13-cd1j.mp3的起始位置为0.0秒,13-cd2j.mp3和13-lynew.mp3的起始位置为4秒,13-cd3j.mp3的起始位置为63秒。然后利用音量包络编辑13-cd1y.mp3音频的第1秒,执行"剪辑"→"淡入"→"淡入"命令,设置淡入效果。放大13-cd1j.mp3的波形,在音量包络线的1秒处单击,添加一个控制点,然后将0.0秒处的控制点拖曳到波形的最下方。同理,对13-cd3j.mp3音频的最后1秒设置淡出效果,然后设置淡入淡出、交叉过渡效果。

【提示】根据个人爱好,还可对各音频设置均衡、混响、延迟等效果。

(6) 试听满意后,执行"文件"→"导出"→"多轨混音"→"整个会话"命令,将所有音频文件合成在一起,最后将结果文件保存到指定文件夹。

【实验结果和分析】

分析效果图,并将实验中遇到的问题、解决问题的方法以及还需老师讲解的知识点写在实验报告上。

第 14 章　Premiere 视频编辑

14.1　知识要点

Premiere 是一款常用的非线性视频编辑软件,由 Adobe 公司推出,具有较好的画面质量和兼容性,并可以与 Adobe 公司推出的其他软件相互协作,广泛应用于广告制作和电视节目制作中,在影视制作领域的应用十分广泛。

14.1.1　视频基础知识

1. 视频的相关概念

(1) 视频。

视频由一系列连续播放的静态画面组成,利用人眼的视觉暂留原理(当人眼所看到的影像消失后,人眼仍能继续保留其影像 0.1~0.4 秒),在观众眼中产生连续平滑的动态影像。

(2) 帧。

帧是视频中的最小单位,一帧为一幅静态图像,连续的帧就能形成动态画面。

(3) 帧频。

帧频是每秒扫描的帧数,它决定了视频播放速度,单位是帧/秒。当图片以足够快的速度显示时,人们便不能分辨出单独的每幅图片,看到的将是平滑连续的动态画面,但当图片显示速度过低时,画面会产生跳动。

(4) 场。

视频的一个扫描过程分为逐行扫描和隔行扫描。逐行扫描从左上角的第一行开始逐行进行,整个图像扫描一次完成。隔行扫描把每一帧图像通过两场扫描完成,两场扫描中,第一场(奇数场)只扫描奇数行,第二场(偶数场)只扫描偶数行。在显示时首先显示第一个场的交错间隔内容,然后显示第二场以填充第一场留下的缝隙。

2. 常见的视频文件格式

常见的视频文件主要有以下几种格式,不同的格式之间可以利用"格式工厂"等工具软件进行相互转换。

(1) AVI 格式。AVI 文件主要由视频和音频两部分构成,这两部分以交叉方式存储,并独立于硬件设备。

（2）WMV 格式。WMV 是 Microsoft 公司推出的一种流媒体格式，由 ASF 格式升级得来，在同等视频质量下，WMV 格式的文件数据容量较小，且支持边下载边播放，因此非常适合在网络上传输和播放。

（3）MPEG 格式。MPEG 是动态图像和声音数据的编码和压缩标准的总称，包括 MPEG-1、MPEG-2 和 MPEG-4 等多种视音频压缩、编码、解码的标准。

（4）MOV 格式。由美国 Apple 公司开发的一种视频格式，默认播放器为 QuickTime Player，其压缩比和视频清晰度较高。

（5）DV 格式。由索尼、松下、JVC 等多家厂商联合开发的一种家用数字视频格式。

14.1.2 Premiere 基本操作

1. Premiere 工作区介绍

执行"开始"→"所有程序"→Adobe→Adobe Premiere Pro 命令或双击桌面上的 Adobe Premiere Pro 快捷方式，启动 Adobe Premiere Pro 程序，在创建一个 Premiere 项目之后，在操作界面中包含较多复杂的窗口，如图 14-1 所示。

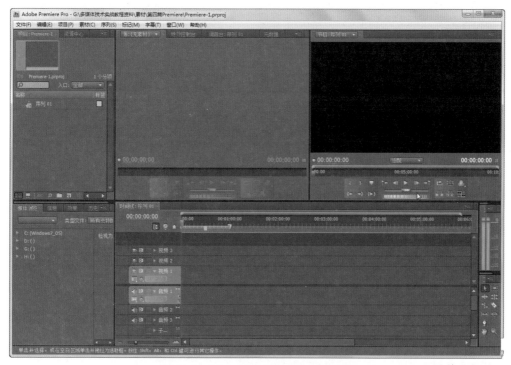

图 14-1　Adobe Premiere Pro 工作界面

（1）"项目"窗口。

"项目"窗口用于组织和管理本项目文件所使用的所有原始片段，该窗口主要包含预览、素材管理以及命令按钮三个区域部分，每次新建项目时都包含一个默认的"序列 01"。

【提示】本窗口内显示的片段并非是片段所指的物理内容，而是指向片段文件的引用指针。

（2）"时间线"窗口。

在视频编辑过程中,素材的编排、整合、添加特效等操作都是在"时间线"窗口中完成的,"时间线"窗口包括时间显示区和轨道区。

"时间线"窗口轨道设置。在视频编辑的实际操作中,往往需要进行增删轨道等相关操作。执行"序列"→"添加轨道"命令,弹出如图 14-2 所示的"添加视音轨"窗口,在"添加"选项右侧可以设置要增加的轨道数,单击"放置"右侧的下拉按钮,将弹出一个下拉列表,可根据需要设置轨道放置的位置。执行"序列"→"删除轨道"命令,弹出如图 14-3 所示的"删除轨道"窗口,可选择"全部空闲轨道"选项,删除未占用的轨道,若要删除非空闲的轨道,则只需选中该轨道,选择删除"目标轨"即可。同样,右击轨道控制面板可对轨道进行添加、删除或重命名操作。

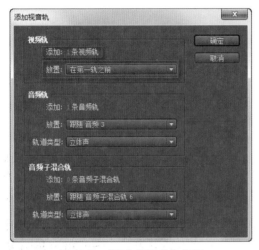

图 14-2　"添加视音轨"窗口

图 14-3　"删除轨道"窗口

（3）"监视器"窗口

Premiere 包含多个监视器窗口,常用的监视窗口为"素材源监视器"窗口和"节目监视器"窗口。"素材源监视器"窗口主要用来显示源素材;而"节目监视器"窗口主要用来显示编辑处理后的视频效果文件。

在"素材源监视器"窗口中,可以双击"项目"窗口素材打开素材;或者右击"项目"窗口素材,在弹出的快捷菜单中选择"在素材源监视器打开"选项,即可打开素材;或者执行"窗口"→"素材源监视器"命令,将"项目"窗口素材拖曳至"素材源监视器"窗口,也可打开素材;或者双击"时间线"窗口轨道素材也可打开素材。

将素材放置到"时间线"窗口轨道上,将会在打开的"节目监视器"窗口显示效果文件。"素材源监视器"窗口与"节目监视器"窗口包含许多按钮,其功能和操作相似。

（4）"字幕"窗口。

一段视频往往需要添加字幕以表达一些特殊的含义,而 Premiere 中字幕的设置主要通过字幕窗口完成,在该窗口中能够完成字幕的创建、修饰、动态字幕的制作以及图形字幕的制作等工作。

执行"文件"→"新建"→"字幕"命令,打开如图 14-4 所示的"字幕"窗口。"字幕属性"面板是对字幕中的文字、图形进行相关参数设置的区域,通过它可以设置字体、大小、样式、位置、颜色、描边、填充、阴影等属性。"字幕样式"面板可以对字幕中的文字、图形套用系统提供的样式效果。

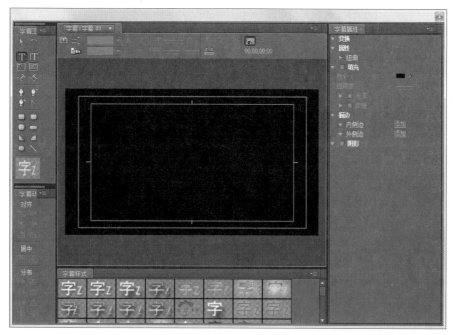

图 14-4 "字幕"窗口

（5）"工具"面板。

"工具"面板包含视频编辑中的常用工具，包括选择工具 、轨道选择工具 、波纹编辑工具 、滚动编辑工具 、速率伸缩工具 、剃刀工具 、错落工具 、滑动工具 、钢笔工具 、手形把握工具 、缩放工具 ，如图 14-5 所示。

（6）"调音台"面板。

Premiere Pro 具有强大的音频处理能力，通过"调音台"面板可以同时控制多条轨道的音频文件，"调音台"面板如图 14-6 所示。

图 14-5 "工具"面板

图 14-6 "调音台"面板

（7）**"效果"面板**。

"效果"面板可以为素材添加各类特效，包括"预置""音频特效""音频过渡""视频特效""视频切换"五个容器，如图14-7所示。用户也可通过单击面板下方的"新建自定义文件夹"按钮  添加自定义的容器，再将常用的特效放置到自定义的容器中，以方便在操作中使用。对自定义容器及其里面包含的特效，用户可以自行更名或删除。

（8）**"特效控制台"面板**。

与"效果"面板相关联，当用户在"效果"面板中为素材设置某种特效后，可以在"特效控制台"面板中进行特效参数设置，以便达到最佳的特效效果。

（9）**"历史"与"信息"面板**。

"历史"面板记录从建立项目以来进行的所有操作，在执行了错误操作后，可以单击"历史"面板中相应的命令返回到错误操作之前的某个状态。

图 14-7　"效果"面板

"信息"面板显示选定素材的各项信息，如素材的类型、持续时间等。

2. Premiere Pro 视频制作流程

（1）创意规划及素材准备。

（2）项目创建。

（3）素材的管理与导入。

（4）素材的添加与编辑。

（5）特效添加。

（6）字幕添加。

（7）音效处理。

（8）预演与输出。

14.1.3　Premiere 视频制作

1. 创建项目

（1）创建新项目。启动 Premiere Pro 会弹出一个欢迎界面，在"最近使用项目"列表中会显示最近打开的项目，可根据需要选择自己要编辑的项目并打开。可通过"打开项目"按钮在弹出的"打开项目"对话框中选择磁盘中的项目文件并打开。若要新建项目，则可通过单击"新建"按钮打开"新建项目"对话框，在该对话框中设置保存的位置、文件名等，然后单击"确定"按钮。

（2）工作项目参数设置。在"新建项目"对话框中单击"确定"按钮，弹出"新建序列"对话框。默认情况下，打开"序列预置"选项卡，用户可选择一种设置模式创建新项目，若这些预置模式不符合用户的需求，则可切换到"常规"和"轨道"选项卡自定义自己需要的参数。

2. 素材的管理与导入

（1）素材的管理。

制作影片时包含大量不同类型的素材文件，若将所有文件放置在一起，则会给日后的操作带来不便，因此可以利用不同的文件夹对素材文件进行分类管理。

执行"文件"→"新建"→"文件夹"命令可以创建文件夹；或者在"项目"窗口空白处右击，在弹出的快捷菜单中选择"新建文件夹"选项创建文件夹；或者按 Ctrl＋/组合键快速创建文件夹；或者单击"项目"窗口下方工具栏中的"新建文件夹"按钮 也可创建文件夹。

为了方便用户查看和管理，还需将文件夹重新命名。首先激活文件夹，然后在当前文件夹的名称上单击，输入新的名称即可对文件夹重命名。

（2）导入素材文件。

执行"文件"→"导入"命令，在打开的"导入"对话框中选择要导入的素材，单击"打开"按钮即可导入素材文件；或者在"项目"窗口空白处右击，在弹出的快捷菜单中选择"导入"选项，在打开的"导入"对话框中选择要导入的素材，单击"打开"按钮也可导入素材文件；或者按 Ctrl＋I 组合键，在打开的"导入"对话框中选择要导入的素材，单击"打开"按钮即可；或者在"项目"窗口空白处右击，在打开的"导入"对话框中选择要导入的素材，单击"打开"按钮即可。

【提示】若要将素材导入文件夹中，则可以双击文件夹，在打开的"文件夹"面板中导入需要的素材；也可将导入的素材拖曳到对应的文件夹下。若要一次性导入多个素材文件，则可在"导入"对话框中按住 Ctrl 选择多个要导入的素材文件，再单击"打开"按钮。同样，若要导入文件夹及文件夹中包含的所有素材，则可选择包含素材的文件夹，单击"导入文件夹"按钮。

3. 素材的添加与编辑

（1）添加素材到"时间线"窗口。

导入后的素材会自动添加到"项目"窗口，但并没有制作成视频，要想编辑视频，还需将"项目"窗口的素材添加到"时间线"窗口。可选择"项目"窗口要添加到"时间线"窗口的素材，按住鼠标左键将其拖曳到"时间线"窗口轨道上即可；或者选择素材添加的轨道，右击"项目"窗口素材左侧的图标，在弹出的快捷菜单中选择"插入"选项。

将素材添加到"时间线"窗口轨道上，素材显示长度较小，不利于细致编辑，若要更改素材在轨道中的显示长度，则可通过拖曳时间标尺上方的控制条；或者拖曳"时间线"窗口左下角的滑块。

（2）素材持续时间的修改。

修改静态素材持续时间。添加到"时间线"窗口的素材，系统会默认设置一个持续时间，但这个持续时间不一定适合，这时就需要修改它的持续时间。可以将鼠标指针放置到轨道上素材的右侧，按住鼠标左键拖曳，这样就可以修改素材的持续时间；或者右击轨道上的素材，在弹出的快捷菜单中选择"速度/持续时间"选项，在打开的"素材速度/持续时间"对话框中修改持续时间值。另外，也可以通过参数设置，执行"编辑"→"首选项"→"常规"命令，修改静帧图像默认持续时间的参数值。这种方法对已导入的静态素材无效，只能改变修改参数后导入的静态素材的持续时间。

修改动态素材的播放速度和持续时间。单击"工具"面板中的"速率伸展工具"按钮，将鼠标指针移到轨道上动态素材的结束位置，按住鼠标左键左右拖曳即可。动态素材的长度越长，持续时间越长，播放速度越慢，反之持续时间越短，播放速度越快。

（3）素材位置的调整。

一般来说，素材的添加是按照预先设定的顺序放置到"时间线"窗口的轨道上的，但在视频后期制作中难免要对素材的位置做一些调整。可以采取直接拖曳法，也可以利用编辑标识线定位拖曳法，直接拖曳法虽然方便，但起点位置不好控制；可以利用"时间线"窗口中的编辑标识线先定位，打开吸附功能，再将素材拖曳到该位置；或者利用"剪切"命令和"粘贴"命令实现素材位置的改变。

（4）剪辑素材。

① 切割素材。一般采用"工具"面板中的"剃刀工具"按钮 ❖ 操作。

②插入和覆盖。"插入"按钮 🔂 和"覆盖"按钮 🖵 都是属于"素材源监视器"窗口中的操作命令。"插入"按钮可以将源素材入点到出点之间的部分插入"时间线"窗口所选轨道的编辑标识线位置处，而插入点右边的素材会向后推移。若插入点在某个完整的素材上，则插入的素材会将原有的素材分离成两个部分。"覆盖"按钮将源素材入点到出点之间的部分覆盖到"时间线"窗口所选轨道的编辑标识线位置处，插入点右边的素材会被部分或全部覆盖。或插入位置到某个完整素材上，则插入的新素材会覆盖插入点右边等长度的原有素材。

③ 提升和提取。"提升"按钮 🖼 和"提取"按钮 🖼 属于"节目监视器"窗口的操作按钮。"提升"按钮可将视频轨道上入点到出点之间的素材删除，轨道上留下一段空白位置。"提取"按钮可将视频轨道上入点到出点之间的素材删除，后面部分的素材会左移与前段素材连接。

（5）视/音频分离。在添加素材时，有些视/音频是作为一个整体添加到视频和音频轨道上的，在移动或分割视频素材时，音频素材也会跟随变化，若要单独编辑，则需要分离它们，同时选中视音频素材并右击，在快捷菜单中选择"解除视/音频链接"选项即可。

（6）素材编组。先在"时间线"窗口拖框选择或按住 Shift 键选择要编辑的素材，然后在选择的素材上右击，在弹出的快捷菜单中选择"编组"选项，这些素材就编成一个整体了。若要取消编辑，则右击编辑的素材，在快捷菜单中选择"取消编组"选项即可。

（7）序列嵌套。制作一个较大的影视节目时需要使用大量素材，若将这些素材都添加到一个序列中，则会给后期处理带来不便，因此可以执行"文件"→"新建"→"序列"命令创建新的序列，并实现这些序列的嵌套。也可对序列进行重命名，嵌套序列素材的添加和编辑方法与普通序列的相同。

14.1.4 特效的应用

特效制作是指对视频和音频添加特殊处理，使其产生丰富多彩的视听效果，以便制作出更好的视频作品。

1. 运动特效

Premiere Pro 虽然不是动画制作软件，但它有很强的运动产生功能。动画效果的设

置一般都要用到关键帧,动画产生在两个关键帧之间。

（1）创建关键帧。

① 在"时间线"窗口选择创建关键帧的素材。

② 在"时间码"上修改时间,确定要添加关键帧的位置。

③ 在"特效控制台"面板中单击某特效或属性左侧的"切换动画"按钮,这样就在可以当前位置创建一个关键帧。

"切换动画"按钮用来创建第一个关键帧,若要再次创建关键帧,则不能再利用该按钮,因为再次单击此按钮会删除所有关键帧。可以将时间调整到需要的位置,改变属性值,便在当前位置再次添加了一个关键帧;或者将时间调整到需要的位置,单击"添加/删除关键帧"按钮,也可在当前位置再次添加一个关键帧。

（2）编辑关键帧。

① 利用单击、拖框选择或按住 Shift 键单击选择关键帧。

② 利用直接拖曳或剪切/粘贴命令移动关键帧。

③ 若操作失误,多添加了关键帧,则可以选中多余的关键帧,按 Delete 键将其删除。

2. 抠像合成技术

抠像不仅可以编辑素材,还可将视频轨道上几个重叠的素材键控合成,利用遮罩的原理制作出透明效果。

（1）16 点无用信息遮罩。

添加该特效可以在素材上产生 16 个信号控制点,通过调节控制点或修改参数值可以裁切素材。

（2）4 点无用信号。

功能与上者相似,但它只能产生 4 个信号控制点。

（3）8 点无用信号。

产生 8 个信号控制点,用法和功能同上。

（4）Alpha 调整。

（5）RGB 差异值。

（6）亮度值。

根据图像的明亮度制作透明效果,图像对比度越明显,效果越佳。可以通过调节"阈值"和"屏蔽度"两个参数实现。

（7）图像遮罩键。

用指定的某个遮罩图像设置透明效果,在指定的遮罩图像中,黑色部分变成透明,白色不变,灰色部分出现不同程度的透明效果。当然也可反向显示。

（8）差异遮罩。

将两个素材进行对比,保留不同区域,移出相同区域,从而产生透明效果。

（9）移除遮罩。

将应用遮罩的图像产生的白色区域或黑色区域移除。

（10）色度键。

将素材的某种颜色及相似颜色范围部分设置为透明。

（11）蓝屏键。

该特效应用非常广泛,使素材的蓝色部分变为透明。在实际拍摄中,可用纯蓝色作为背景进行拍摄,后期制作中,只要使用"蓝屏键"就可以轻松去除背景。

（12）轨道遮罩键。

该特效产生的效果及原理与前面讲到的"图像遮罩键"相同,都是将素材作为遮罩显示或隐藏另一素材的部分内容,但它们的操作方式有所不同,"图像遮罩键"特效的实现只需一条轨道,直接将遮罩素材附在原素材上;"轨道遮罩键"特效需要两条轨道,并将遮罩素材添加到"时间线"窗口的另一轨道上,且必须在原素材轨道上方。

（13）非红色键。

与"蓝屏键"特效的操作方法相似,当使用"蓝屏键"无法达到理想效果时,可使用该特效进行处理。"非红色键"特效不仅可以去除素材中的蓝色,还可以去除绿色。

（14）颜色键。

与"色度键"的使用法基本相同,但"颜色键"还可以对边缘进行设置,制作出描边及羽化效果。

3. 视频特效的应用

视频特效就是为素材文件添加特殊处理,类似 Photoshop 中的滤镜,通过特效的应用可以使视频文件更加绚丽多彩。Premiere Pro 提供了 19 类上百种的视频特效,这些特效可单独使用,也可多个同时设置。

（1）添加视频特效。

（2）复制和粘贴视频特效。

当同一个素材的不同位置或不同素材之间需要添加相同的特效时,可以采用复制/粘贴操作快速实现。

（3）清除视频特效。

设置视频特效后,若发现所加特效不符合要求,则只需在"特效控制台"面板中删除不需要的特效即可。利用视频特效创建动画效果离不开关键帧的应用,Premiere 可以通过不同关键帧上的参数设置产生动态画面。

4. 视频切换特效的应用

视频切换特效是指从一段视频素材切换到另一段视频素材时添加的过渡效果。视频切换效果可以应用在单个素材的开始和结束位置,也可以应用在两个相邻素材之间。在"效果"面板中,直接选取视频切换效果,拖曳至"时间线"窗口的视频轨道中需要添加切换效果的素材之间或单个素材的前后。

14.1.5 字幕应用技术

字幕包括文字和图形两种类型,字幕可以是静止的,也可以是动态的。

1. 字幕窗口

字幕的设置基本都在"字幕"窗口中完成,"字幕"窗口如图 14-8 所示。"字幕"窗口主要由"字幕设计"窗口、"字幕工具"面板、"字幕动作"面板、"字幕属性"面板以及"字幕样式"面板组成。

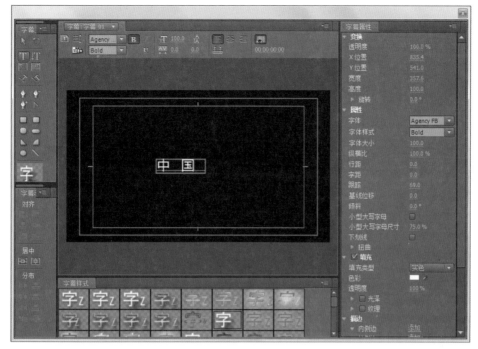

图 14-8　"字幕"窗口

2. 字幕创建

（1）执行"文件"→"新建"→"字幕"命令；或者执行"字幕"→"新建字幕"→"默认静态字幕"命令；或者右击"项目"窗口空白处，在弹出的快捷菜单中选择"新建分项"下的"字幕"选项，这些操作都能打开"字幕"窗口。

（2）选择"字幕工具"面板中的工具，在设计区内输入文本或绘制图形。

（3）修改字幕属性，也可应用字幕样式。

【提示】输入汉字时，文字可能无法显示，注意应修改成中文字体；为了确保文字正常显示，一般情况下，应先设置一种有效的中文字体，再输入文字。

3. 字幕样式的应用

字幕样式库中包含多种样式模板，以方便文字和图形特殊效果设置。字幕样式可以直接应用，只需选中"字幕设计"窗口的文本或图形对象，然后在"字幕样式"面板中单击某种样式即可；或右击样式库中的样式，在弹出的快捷菜单中选择"应用样式"选项。"字幕样式"面板中虽然提供了多种样式，但有时也不能满足操作的需要，可以在"字幕设计"窗口输入字幕，设置字幕属性；接着选中字幕，单击"字幕样式"面板右侧的按钮或者右击空白处，在弹出的菜单中选择"新建样式"选项；然后在"名称"栏中输入新建样式名称，单击"确定"按钮，以此创建新样式并保存，以便日后使用。

4. 字幕模板的应用

Premiere 中提供了大量的预设字幕模板，用户可以直接应用这些模板进行设计，也可以对预设的模板进行修改，以便高效率地制作出富有艺术感的字幕效果。打开"字幕"模板，执行"字幕"→"新建字幕"→"基于模板"命令，或者单击字幕窗口的按钮，或按 Ctrl＋J 组合键，都可以打开"模板"对话框，然后在对话框左侧选择一种模板，右侧可以预览该样式的效果,单击"确定"按钮即可应用字幕模板。当用户创建了满意的字幕效果时,也可将其存为模板。

5. 动态字幕

在"字幕"窗口输入文字和编辑文字,再利用"滚动"或"游动"命令制作出动态的字幕效果。

14.1.6 音频处理与应用

Premiere 不仅具有强大的视频处理功能,它在音频处理方面也非常强大,如音频编辑、声频特效及音频转换等。

1. 音频剪辑

在"时间线"窗口中可以利用剃刀工具剪辑音频;或者在"素材源监视器"窗口,设置素材的入点和出点,使用"插入"或"覆盖"按钮剪辑音频;或者在"节目监视器"窗口设置素材的入点和出点,使用"提升"或"提取"按钮剪辑音频。音频素材和视频素材一样,也可以修改其速度或持续时间,操作方法同视频素材。

2. 调音台的使用

"调音台"面板中的数值与"时间线"窗口中的音频轨迹相对应,用户可以直接利用鼠标拖曳面板各调节装置,对多个轨道的音频素材进行调整,可以做到边听边调整,Premiere 会自动记录调整的全过程,并在再次播放素材时将调整后的效果应用到素材上。

3. 音频特效

音频特效按声道进行分类,分别为"5.1""单声道""双声道"。3 个文件夹中的特效大多一样,应用也基本相同,只是针对的音频不同,不同声道的音频只能应用自身对应声道文件夹下的特效。音频特效可以弥补声音素材中的某些不足,或给声音添加特殊的效果。音频特效的添加操作方法与音频处理软件的相同。

14.1.7 视频渲染与输出

视频渲染与输出需要对相关参数进行调整,针对不同的需求进行不同的设置,才能输出最终的结果。

1. 渲染工作区设置

制作完一个影片后,有时并不需要对整个影片进行渲染,而是仅仅渲染其中一部分,这就需要对渲染工作区进行设置。在"时间线"窗口,可以通过拖曳"开始"和"结束"两个滑块设置渲染的区域,开始和结束两点之间的区域为渲染区。

【提示】直接拖曳两个滑块时较难精确定位,若要精确控制渲染区域,可借助编辑标识线,先将编辑标识线定位到相应位置,打开吸附功能,再拖曳"开始"和"结束"滑块即可。

2. 节目输出设置

执行"文件"→"导出"→"媒体"命令,打开"导出设置"对话框,可以对输出节目进行相关设置。

（1）格式。Premiere 提供了多种输出格式。

（2）预置。设置视频制式及画面比例。

（3）输出名称。单击"输出名称"右侧的文件路径，打开"另存为"对话框，可以设置文件输出的路径及文件名。

（4）"视频"选项设置。

（5）"音频"选项设置。

（6）输出范围设置。

3. Adobe Meida Encode 的导出设置

Adobe Meida Encode 是 Premiere 主要的视频、音频编码输出应用程序，通过它可以输出 Windows Media、Flash、Mpeg2 DVD、QuickTime 等多种格式的视频。

4. 视频文件输出步骤

（1）打开输出的项目文件，选择要导出的序列。

（2）执行"文件"→"导出"→"媒体"命令，打开"导出设置"对话框。

（3）格式设置为 Windows Media，大小设置为 600×480，其他设置默认，单击"确定"按钮，打开 Adobe Meida Encode 窗口，在该窗口中单击"开始队列"按钮。

14.2 应用实例

14.2.1 视频制作示例1

（1）启动 Premiere Pro，在软件提示界面中单击"新建项目"按钮，如图 14-9 所示。

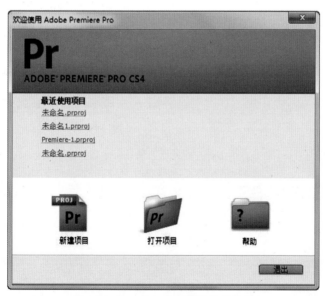

图 14-9 Premiere Pro 软件提示界面

（2）进入如图 14-10 所示的"新建项目"对话框，在"位置"栏中设置文件路径，在"名称"栏中输入项目文件名，其他参数采用默认设置，然后单击"确定"按钮，打开"新建序列"对话框，再单击"确定"按钮，即可打开 Premiere Pro 操作界面，如图 14-11 所示。

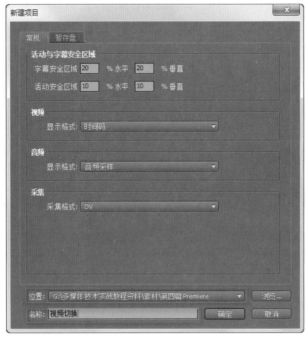

图 14-10　"新建项目"对话框

图 14-11　Premiere Pro 操作界面

（3）整理图片素材。执行"文件"→"导入"命令，在打开的"导入"对话框内选择素材文件夹中的"人物1.jpg"至"人物10.jpg"文件，将图片导入到"项目库"中，如图14-12所示。

（4）制作倒计时片头。

① 执行"文件"→"新建"→"通用倒计时片头"命令，打开"新建通用倒计时片头"对话框，然后单击"确定"按钮，打开"通用倒计时片头设置"对话框，使用默认设置，如图14-13所示。

图14-12 "项目库"面板

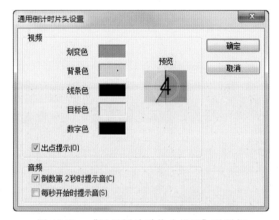

图14-13 "通用倒计时片头设置"对话框

② 将"通用倒计时片头"素材从"项目库"中拖曳到"时间线"中的"视频1"轨道，起点在00:00:00:00帧上，右击，在打开的快捷菜单中选择"速度/持续时间"选项，在打开的"素材速度/持续时间"对话框中设置其长度为00:00:06:00，如图14-14所示。

③ 将"项目库"中的"人物1.jpg"至"人物10.jpg"依次拖曳到"视频1"轨道上，并使素材之间首尾相连。

（5）添加视频切换。

① 在"效果"面板中，展开"视频切换"→"3D运动"选项，拖曳"门"效果到"视频1"轨道中的"人物1"和"人物2"的连接处，为其添加视频切换效果，如图14-15所示。

② 在"时间线"面板中双击"门"效果，打开"特效控制台"面板，设置切换的长度。

③ 在"效果"面板中，展开"视频切换"→"叠化"选项，拖曳"白场过渡"效果到"视频1"轨道中"人物2"和"人物3"的连接处，为其添加视频切换效果。

④ 在"时间线"面板中，双击"白场过渡"效果，打开"特效控制台"面板，设置切换的长度、边框宽度、边框颜色等。

⑤ 依据以上方法，分别为其他图片连接处添加所需效果，例如"星形划像""剥开背面""交叉伸展"等。

（6）单击"节目"面板中的"播放/暂停"按钮，查看整个视频特效，如图14-16所示。

图 14-14　"素材速度/持续时间"对话框

图 14-15　"效果"面板

图 14-16　整个界面效果

（7）执行"文件"→"保存"命令，将项目文件"视频切换.prproj"保存到指定文件夹。

（8）执行"文件"→"导出"→"媒体"命令，在打开的"导出设置"对话框中进行相关设置，将影片以"视频切换.avi"为文件名输出到指定文件夹。

（9）在视频播放器中打开上述文件，浏览最终效果。

14.2.2 视频制作示例2

(1)整理图片素材。按照视频制作示例1中的步骤在指定文件夹中新建项目"字幕的制作.prproj",然后在"项目库"中导入素材文件夹内的"背景.jpg"。

(2)制作普通标题字幕。

① 执行"文件"→"新建"→"字幕"命令或按 Ctrl＋T 组合键,打开"新建字幕"对话框,在该对话框中设置字幕的名称为"普通字幕",单击"确定"按钮,打开"字幕设计器"主界面。

② 单击"垂直文字工具"按钮,在矩形框内输入文字,在右侧的"字幕属性"面板内设置字体、字号、间距、颜色等,效果如图 14-17 所示。设置后,单击"关闭"按钮,回到 Premiere 主界面。

③ 将"背景.jpg"拖曳到"视频 1"轨道,起点为 00:00:00:00 帧位置,再将"普通字幕"拖曳到"视频 2"轨道,长度与"背景.jpg"一致,可在"节目监视器"窗口中查看最终效果,如图 14-17 所示。

图 14-17　普通字幕的效果

(3)制作特殊路径字幕。

① 执行"文件"→"新建"→"字幕"命令或按 Ctrl＋T 组合键打开"新建字幕"对话框,在该对话框中设置字幕的名称为"特殊路径字幕",单击"确定"按钮,打开"字幕设计器"主界面。

② 单击"路径输入工具"按钮,在矩形框内单击文字路径的各个顶点,完成后,单击"文字工具"按钮,在起始顶点单击,输入字幕文字并在右侧的"字幕属性"面板内设置字体、字号、间距、颜色等,效果如图 14-18 所示。设置后,单击"关闭"按钮,回到 Premiere 主界面。

③ 将"特殊路径字幕"拖曳到"视频 3"轨道,长度与"背景.jpg"一致,并单击"视频 2"

图 14-18　特殊路径字幕设计界面

轨道前的"眼睛"标记,隐藏"视频 2"轨道,可在"节目监视器"窗口中查看最终效果,如果 14-19 所示。

图 14-19　特殊路径字幕的效果

(4) 制作向左滚动字幕。

① 执行"文件"→"新建"→"字幕"命令或按 Ctrl+T 组合键打开"新建字幕"对话框,在该对话框中设置字幕的名称为"横向滚动字幕",单击"确定"按钮,打开"字幕设计器"主界面。

② 单击"文字工具"按钮,在矩形框内输入文字,在右侧的"字幕属性"面板内设置字体、字号、间距、颜色等。

③ 单击"滚动/游动选项"按钮，打开"滚动/游动选项"对话框,在"字幕类型"中选

择"左游动"选项,在"时间(帧)"中勾选"开始于屏幕外"和"结束于屏幕外"复选框,如图14-20所示。设置后,单击"关闭"按钮,回到 Premiere 主界面。

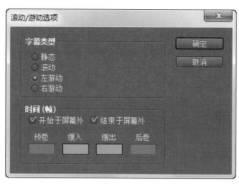

图 14-20　"滚动/游动选项"对话框

④ 将"横向滚动字幕"拖曳到"视频 3"轨道上方的空白处,便会自动添加"视频 4"轨道,该字幕长度与"背景.jpg"一致。重新显示"视频 2"轨道,在"节目监视器"窗口中查看最终效果,如图 14-21 所示。

图 14-21　横向滚动字幕的效果

(5)执行"文件"→"保存"命令,将项目文件"字幕的制作.prproj"保存到指定文件夹。

(6)执行"文件"→"导出"→"媒体"命令,在打开的"导出设置"对话框中进行相关设置,将影片以"字幕的制作.avi"为文件名输出到指定文件夹。

(7)在视频播放器中打开上述文件,浏览最终效果。

实验 14　　Premiere 基本操作与视频综合设计

【实验目的】

(1) 熟悉 Premiere 的工作界面。

(2) 掌握 Premiere 的基本操作。

(3) 掌握 Premiere 中视频切换的制作方法。

(4) 掌握 Premiere 中向视频、图片等素材添加视频特效的方法及其设置方法。

(5) 掌握 Premiere 中字幕制作及其字幕属性的设置方法。

(6) 掌握 Premiere 中叠加效果和运动效果的制作方法。

(7) 掌握 Premiere 中各种技术手段的综合应用方法。

【实验环境】

(1) 网络环境。

(2) 多媒体计算机和 Premiere。

【实验内容】

按照如下要求自行制作一份综合应用的视频作品。实验所用的素材可以自己准备并存放在"实验14"文件夹中。

(1) 利用视频切换实现不同画面之间的过渡。

(2) 利用视频特效为画面添加不同的效果。

(3) 利用关键帧控制素材的运动、透明度等效果。

【实验步骤】

(1) 准备素材。视频素材可以自己拍摄,也可以根据个人爱好从网络上下载素材文件,还可以利用本书提供的素材(在"实验 14"素材文件夹中给出了一些素材以供实验备用)。

(2) 整理图片素材。

(3) 设置素材时间节点及抠像。

(4) 利用视频切换实现不同画面之间的过渡。

(5) 利用视频特效为画面添加不同的效果。

(6) 字幕的制作。

(7) 利用关键帧控制素材的运动、透明度等效果。

(8) 保存项目文件并输出成影片到指定文件夹。

(9) 在视频播放器中打开上述文件,浏览最终效果。

【实验结果和分析】

分析效果图,并将实验中遇到的问题、解决问题的方法以及还需老师讲解的知识点写在实验报告上。

参 考 文 献

[1]　梁维娜,张思民.图形图像处理应用教程[M].3 版.北京:清华大学出版社,2011.

[2]　梁维娜.图形图像处理应用教程[M].4 版.北京:清华大学出版社,2015.

[3]　徐晓华,胡倩,周艳.多媒体技术应用教程[M].杭州:浙江大学出版社,2013.

[4]　高珏,陆铭,钟玉琢.多媒体应用技术实验与实践教程[M].北京:清华大学出版社,2009.

[5]　刘甘娜.多媒体应用基础[M].4 版.北京:高等教育出版社,2008.

[6]　郭开鹤,王媛,等.Photoshop CS6 创新图像设计实践教程[M].北京:清华大学出版社,2014.

[7]　高惠强.Photoshop CS3 数码照片处理技术解析[M].北京:清华大学出版社,2009.

[8]　谷冰,吴观幅,王永刚.Flash CS6 动画制作项目教程[M].上海:上海科学普及出版社,2015.

[9]　陈子超.Flash CS5 动画制作综合教程[M].北京:清华大学出版社,2011.

[10]　汪红兵.多媒体技术基础及应用[M].北京:清华大学出版社,2017.

[11]　智西湖,雷治军,赵鹏,等.多媒体技术基础[M].北京:清华大学出版社,2011.

[12]　赵子江.多媒体技术应用教程[M].7 版.北京:清华大学出版社,2018.

[13]　贺雪晨,周自斌,朱世交.多媒体技术实用教程[M].3 版.北京:清华大学出版社,2013.

[14]　陈冬.Flash ActionScript2.0 互动编程从基础到应用[M].北京:人民邮电出版社,2006.

[15]　张弛.电脑音频制作教程——Cool Edit Pro 应用[M].北京:北京希望电子出版社,2002.

[16]　卢锋.Premiere Pro CC 多媒体制作案例教程[M].北京:清华大学出版社,2017.

[17]　张凡.Premiere Pro CC2015 基础与实例案例教程[M].4 版.北京:机械工业出版社,2018.

[18]　张瑜,夏永祥,傅佳.多媒体技术与应用[M].北京:清华大学出版社,2018.

图 书 资 源 支 持

感谢您一直以来对清华版图书的支持和爱护。为了配合本书的使用,本书提供配套的资源,有需求的读者请扫描下方的"书圈"微信公众号二维码,在图书专区下载,也可以拨打电话或发送电子邮件咨询。

如果您在使用本书的过程中遇到了什么问题,或者有相关图书出版计划,也请您发邮件告诉我们,以便我们更好地为您服务。

我们的联系方式:

地　　址:北京市海淀区双清路学研大厦 A 座 701

邮　　编:100084

电　　话:010-83470236　　010-83470237

资源下载:http://www.tup.com.cn

客服邮箱:2301891038@qq.com

QQ:2301891038(请写明您的单位和姓名)

资源下载、样书申请

书圈

扫一扫,获取最新目录

课程直播

用微信扫一扫右边的二维码,即可关注清华大学出版社公众号"书圈"。

·

- 内容覆盖面广：提供四大多媒体软件的大量实操训练项目，所有实验内容均提供具体操作步骤，同时给读者提供可选择性。
- 教学主线明了：通过"知识要点–应用实例–上机训练"的实战过程，循序渐进地使读者快速掌握多媒体软件的基本操作及综合应用。
- 教学目标明确：内容全面，实用性强，每章均安排综合案例，并注重理论与实践的结合。
- 教学方法灵活：量身打造的教学指导体系，培养读者自主学习的能力。
- 教学内容先进：强调计算机在各专业中的应用。
- 教学模式完善：实验报告和应用案例针对性强，步骤明确，提供配套的教学资源解决方案，力争让读者举一反三。
- 重视深化拓展：提供多种参考方案及丰富的网络资源，为读者和编者搭建深入交流的平台，每个实例均提供讲解视频，扫码即可观看。

课件下载·样书申请

清华社官方微信号

书圈

扫我有惊喜

ISBN 978-7-302-55061-7

9 787302 550617 >

定价：69.80元

计算机系列教材

大学计算机基础与新技术

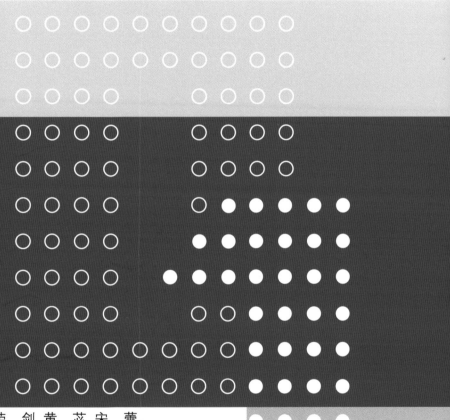

编 鲁 宁 邢丽伟 张宏翔 荣 剑 黄 苾 宋 蕾

主编 禹玥昀 王 欢 李 莎 赵 璠 高 皜 王晓林 吕丹桔 赵家刚

清华大学出版社